GARNISH RECIPES AND PLATING TECHNIQUES

精致盘饰与摆盘艺术

日本柴田书店　编

赵婉琳　译

中国轻工业出版社

图书在版编目（CIP）数据

精致盘饰与摆盘艺术 / 日本柴田书店编；赵婉琳译. —北京：中国轻工业出版社，2025.3

ISBN 978-7-5184-4846-3

Ⅰ. ①精…　Ⅱ. ①日…　②赵…　Ⅲ. ①食品—装饰雕塑　Ⅳ. ① TS972.114

中国国家版本馆 CIP 数据核字（2024）第 052731 号

责任编辑：杨　迪　　责任终审：高惠京　　设计制作：锋尚设计
责任校对：朱燕春　　责任监印：张京华

出版发行：中国轻工业出版社（北京鲁谷东街5号，邮编：100040）
印　　刷：北京博海升彩色印刷有限公司
经　　销：各地新华书店
版　　次：2025年3月第1版第1次印刷
开　　本：710 × 1000　1/16　印张：12
字　　数：200千字
书　　号：ISBN 978-7-5184-4846-3　定价：78.00元
邮购电话：010-85119873
发行电话：010-85119832　010-85119912
网　　址：http://www.chlip.com.cn
Email：club@chlip.com.cn

230777S1X101ZYW

Contents | 目录

脆片和薄饼 | Chips, Tuile

饼干和曲奇饼 | Cookies, Biscuits

软片 | Sheets

粉末和奶酥 | Powder, Crumble

立体和球体 | Solid, Sphere

泡沫 | Foam

泥、果子冻和液体 | Puree, Jelly, Liquid

其他素材 | Ingredients

主厨的盘饰心得

索引

使用注意

* 本书食谱所标注的用量都是易于制作或者方便购买的用量。
* 食谱所标注的烹饪时间和用量均为参考标准。请按个人的制作目标可适当调整。
* 最终呈现的菜品会因使用的食材、调味料、烹饪环境而改变，请按照个人的喜好进行适当调整。

说明

* 每种盘饰的“保持形态”是指长时间静置后是否能够保持原有形态。
* 每种盘饰的“难度”表示的是烹饪难易程度。难度分为 5 个等级，■表示难度最低，■■■■■表示难度最高。

摄影 / 天方晴子（CELARAVIRD、LE SPUTNIK、S'ACCAPAU、L'ARGENT）
宫本信义（LE SPUTNIK）
DTP/ 明昌堂
校对 / 安孙子幸代
设计 / 青木宏之（Mag）
编辑 / 佐藤友纪

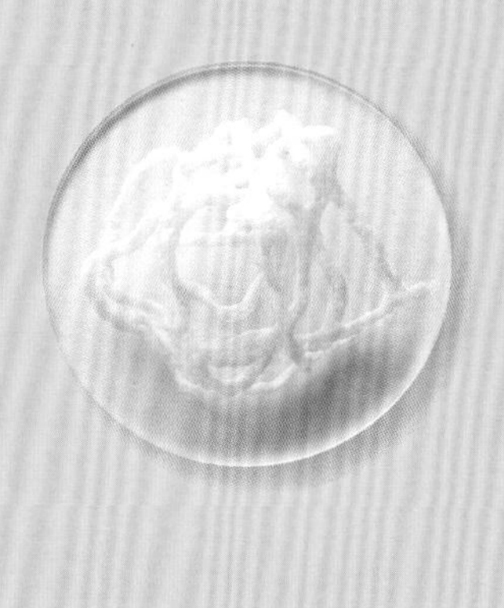

脆片和薄饼 | Chips, Tuile

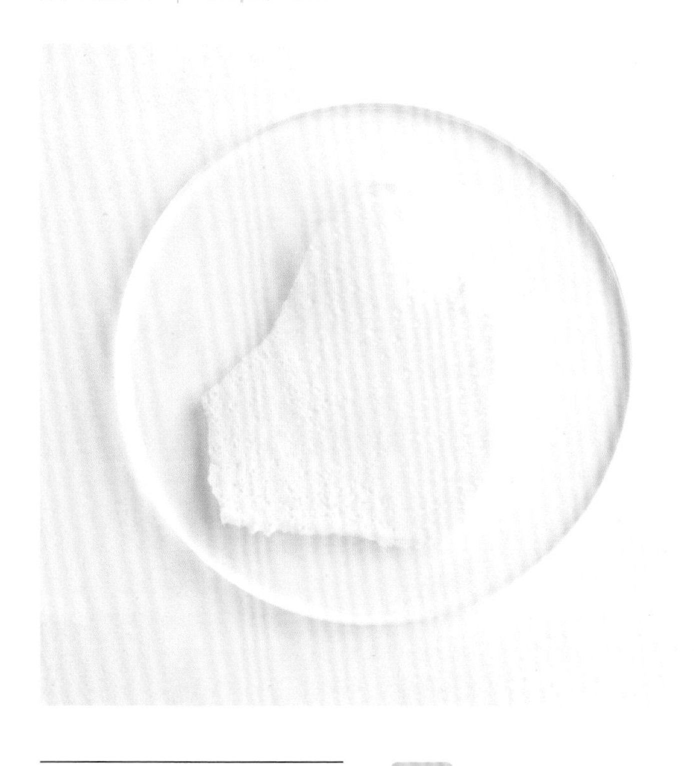

乳白色的瓦片脆饼令人印象深刻。为呈现出细腻、酥脆的口感，应摊匀成 1~2mm 厚再烘烤。为了利用酸奶特有的纯白色，在烘焙过程中可降低温度，避免上色过度。

厨师 / 加藤顺一

配料（易于制作的分量）

原味酸奶（无糖） 370g
砂糖 30g | 黄原胶 1g

酸奶瓦片脆饼 1

Yogurt Tuile 1

颜　色：
白色〇

口　感：
薄脆

保持形态：
是

难　度：

做法

❶ 将原味酸奶倒入铺好厨房纸的过滤网筛中，在冰箱中放置一晚，沥干水分。

❷ 在步骤❶的酸奶中加入砂糖和黄原胶，充分搅拌至粉末完全溶解。

❸ 搅拌成面糊后铺在硅胶垫上。

❹ 用刮板抹平，面糊厚度控制在 1~2mm。

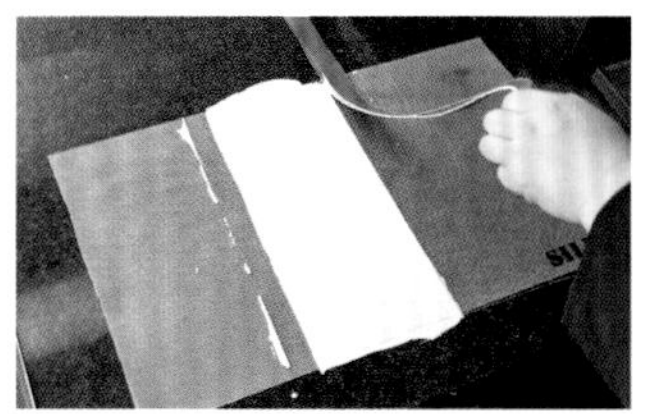

❺ 此次做成一个大约 15cm × 35cm 的长方形。也可剪下硅胶垫的边缘做成一个边框，来调整面糊的形状。

❻ 放入 90℃预热好、有风、湿度为 0% 的对流烤箱中，烘烤至可以从硅胶垫上撕下的硬度（每隔 10 分钟看一下）。

❼ 先把瓦片脆饼从硅胶垫上取下。

❽ 用两块硅胶垫夹住瓦片脆饼，再放入预热好 70℃、有风、湿度为 0% 的对流烤箱烘干。切成自己喜欢的大小和形状即可。

摆盘示例

薰衣草酸奶雪葩

在融入了薰衣草味道的马斯卡彭芝士慕斯上叠加酸奶雪葩。用酸奶瓦片脆饼盖住器皿边缘。加热酸奶的做法比较少见，这种方式可令食材的质地和风味焕然一新。分切方式和大小也会改变整道菜品的风格。

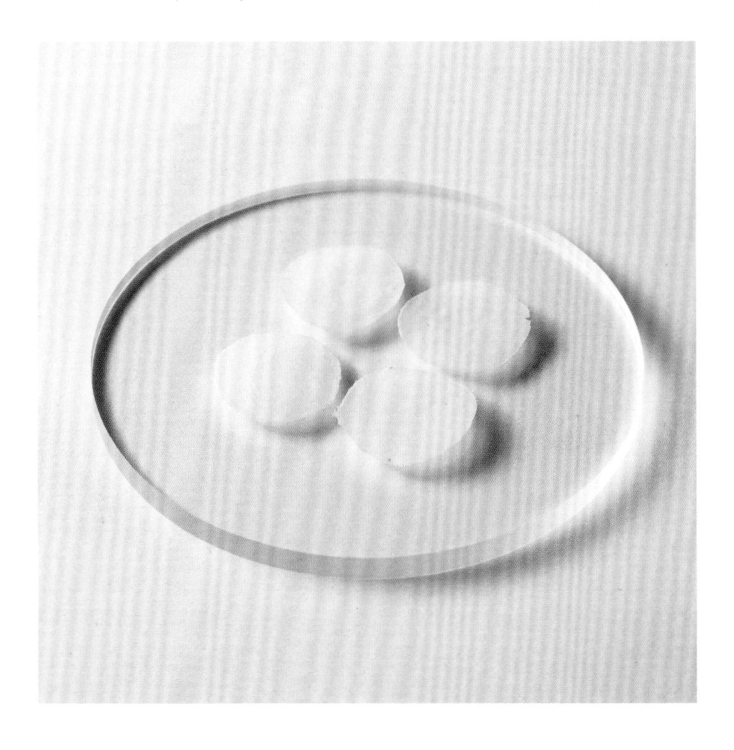

酸奶瓦片脆饼烤制成 1mm 薄厚。如果太厚会影响酥脆的口感，而且烤制时间变长会让脆片颜色过深。这种做法是为了充分发挥出酸奶独有的乳白色和细腻质感。

厨师 / 高桥雄二郎

配料（易于制作的分量）

原味酸奶（无糖） 170g
牛奶 70g | 玉米淀粉 10g
细砂糖 6g

酸奶瓦片脆饼 2

Yogurt Tuile 2

颜　色：白色◯

口　感：薄脆

保持形态：是

难　度：■□□□□

做法

❶ 将原味酸奶倒入锅中加热。

❷ 加入牛奶、玉米淀粉、细砂糖，搅拌均匀。

❸ 待粉末溶解，全部配料混合后，用锥形过滤器过滤。

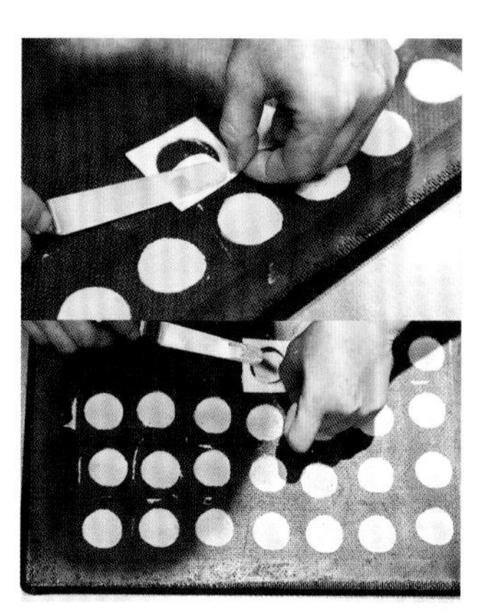

❹ 在硅胶垫上用抹刀将步骤❸抹平成直径约 3cm、厚 1mm 的圆形。可用牛奶盒替代模具，在牛奶盒上剪出一个直径约 3cm 的圆洞。

❺ 在 70℃预热好的对流烤箱中加热 1.5 小时。从硅胶垫上取下即可使用。

摆盘示例

春日融融

在烤制成半球形的蛋白霜中，装满草莓果酱和果肉以及款冬花茎冰激凌，再配上草莓，就是一道春意盎然的甜品。在周围撒下发酵乳的泡泡，用乳酸发酵统一整体味道。这道菜品的亮点在于瓦片脆饼细腻的口感。

瓦片脆饼形状好似翅膀，布满网状小孔。在水油分离的状态下烘烤才可实现。推荐添加帕尔马干酪和墨鱼汁来改变它的味道和色彩。

厨师 / 田渊拓

配料（易于制作的分量）

水　150g | 高筋面粉　15g
色拉油　40g | 盐　1g

网眼瓦片

Mesh-pattern Tuile

颜　色：
土黄色

口　感：
酥脆

保持形态：
是

难　度：
■□□□□

做法

❶ 将配料全部放入料理盆中充分搅拌。

❷ 平底锅中放入色拉油（分量外）加热。将步骤❶中材料平铺在平底锅里煎烤。此时会出现水油分离，即可煎烤出网眼。

❸ 切分成适宜大小使用。

摆盘示例

春之船

用菜刀在低温加热的三文鱼身上划几刀，插入网眼瓦片，可突出此道菜品的口感。星星点点的热蘸酱点缀在盘中，可按本书P150“琼脂果子冻颗粒”的烹饪技巧，用酸橘果汁来替代胶囊颗粒中的酱汁。瓦片可以整片使用，也可分成小块使用。

大米脆片口感酥脆。如果不放竹炭粉，就呈现白色，如果用藏红花粉替代竹炭粉，则呈现黄色。总之，可以随心变换各种颜色。大米脆片可直接作为下酒小菜。

厨师 / 田渊拓

配料（大约 20 片）

米 40g | 水 145g
盐 1.2g | 竹炭粉 适量

竹炭大米片

Rice Chips

颜　色：黑色 ●

口　感：酥脆

保持形态：是

难　度：■■□□□

做法

❶ 除竹炭粉之外，将其他配料全部放入锅中加热。煮沸后转小火慢慢熬煮，直至大米变软。

❷ 当步骤❶的大米变软后，加入竹炭粉拌匀。

❸ 整体变黑后放入搅拌机中，搅打成细腻的糊状。

❹ 将步骤❸的糊状物放入烤盘或料理盆中散热。待凉后薄薄一层铺在硅胶垫上。（厚度依据烘烤时间而定。本次厚度约 5mm。）

❺ 在 90℃的对流烤箱中烘干一晚，切成合适的大小备用。

❻ 用 200℃的色拉油（分量外）炸酥后便可使用。如果不即刻使用，则在步骤❺结束后放入密封容器中，并添加干燥剂保存，在上菜前炸制即可。

摆盘示例

生机

这是冷盘中的一道逸品，黑色的大米片盛放着淋上塔塔酱的扇贝。灵感源自“用大米做米片”，放在装满米饭的枡木盒上供食客享用。此处搭配了扇贝，使得此道点缀品自身也是一道下酒小菜，制作后保存起来，十分实用。

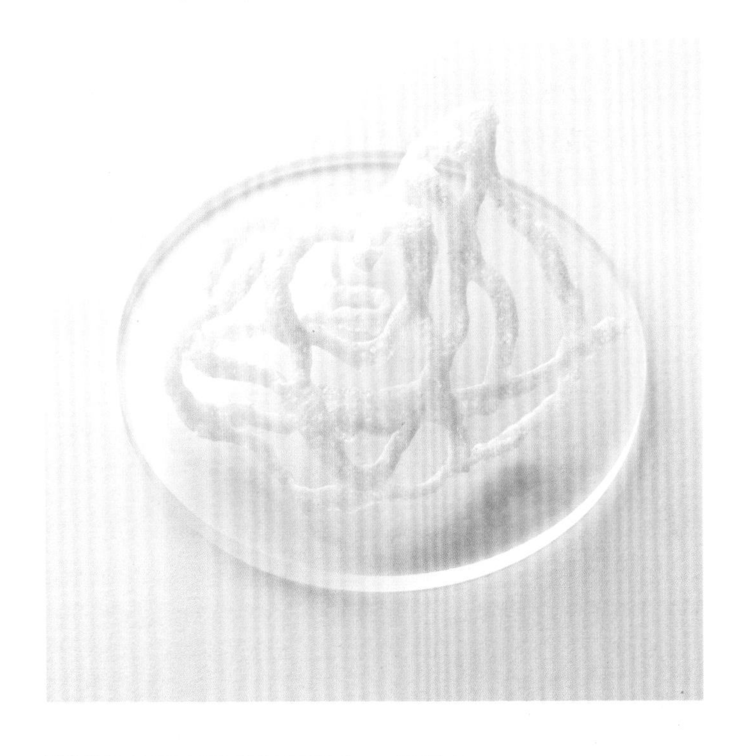

仅用大米和水制作出立体感的米片。挤出自己喜欢的面糊形状，待干燥之后再炸制，呈现出独特的造型。此款盘饰的配料没有选用简单混搭的配料，是一道可用于各种烹饪场景中的单品。

厨师 / 桥本宏一

配料（易于制作的分量）

大米　450g
水　1.62L | 海藻盐　适量

大米片
Rice Chips

颜　　色：
白色◯

口　　感：
酥脆

保持形态：
是

难　　度：
■■□□□

做法

❶ 将米饭煮熟后关火，用搅拌机搅拌。不要完全搅拌成浆糊，而是残留少量米粒。

❷ 装入裱花袋中。在油纸上挤出自己喜欢的形状（比如图中的星形）。

❸ 放入65℃预热好的食品干燥机中，干燥至表面酥脆。放入190℃的色拉油（分量外）中炸制。大米片放入油锅后会迅速膨胀，此时可用长筷子翻动来定形。

❹ 捞出，沥干油后使用，撒上海藻盐即可。

摆盘示例

舞蹈

在大米片上撒上足量的海胆粉，海胆粉、蛋黄酱和欧芹点缀在盘中，可谓是冷盘中的一道佳品。只要是味道浓郁、和米饭相配的食材都可搭配，比如海胆，海苔、海白菜等。常备此款脆片十分方便，它既是一道独立可食用的小吃，也是可以用于前菜或主菜的配菜。

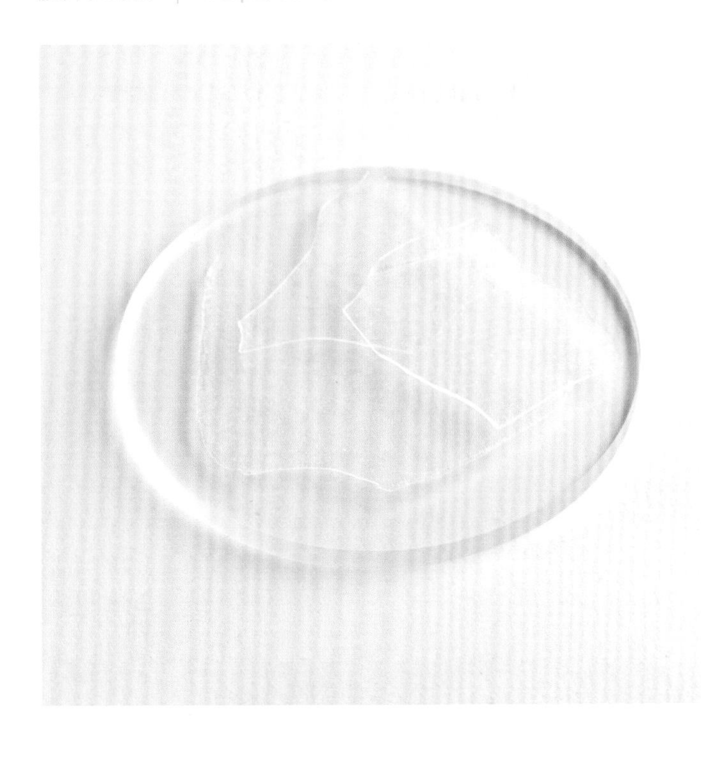

用“巴糖醇”制作出玻璃般透亮的片。巴糖醇是一种甜味剂，它的物理特征和砂糖相似。虽然此款盘饰有硬度，却脆而易碎。巴糖醇的味道本身没有缺点，可适用于制作各种甜品。

厨师 / 田渊拓

配料（易于制作的分量）

巴糖醇* 适量

* 巴糖醇
即异麦芽酮糖醇，是一种糖醇甜味剂。物理特性与砂糖相似，但热量比砂糖低，不易结晶。

巴糖醇透明脆片

"Isomalt" Transparent Tuile

颜　色：透明○

口　感：薄脆

保持形态：是

难　度：■□□□□

做法

❶ 将巴糖醇放入锅中加热到 100℃以上，直至融化。为防止糖色过度焦化，可用小火慢慢加热并来回转动锅身。

❷ 待步骤❶中的巴糖醇彻底融化后，在高温下倒在硅胶垫上，厚度控制在 1mm 左右。在上面再盖一层硅胶垫，用擀面杖擀成厚薄均匀的糖片。

❸ 保持步骤❷的状态下散热，待凉，分成合适的大小即可。

摆盘示例

雪人

用盐和牛奶冰激凌做出雪人脑袋，用杏仁味的蛋奶酥做出雪人身体，再点缀上椰子酱、蛋白霜脆片（见P044）和酸奶冰激凌粉（见P096）。搭配巴糖醇透明片的装饰，打造出一款冬季白雪风格的甜点。

这款“薯片”充分发挥了紫薯艳丽的亮点。薄而细的曲线呈现出梦幻般的色彩。此道菜品利用了紫薯独特的淀粉特质，很难用其他食材来替代。

厨师 / 加藤顺一

配料（易于制作的分量）

紫薯　200g | 盐　适量

紫薯片

Potato Chips “Shadow Queen”

颜　色：紫色 ●

口　感：爽脆

保持形态：是

难　度：■□□□□

做法

❶ 在锅中放入带皮紫薯和适量的水（分量外），小火慢慢加热，煮到变软为止。一定要注意火候，因为大火煮会导致紫薯皮破裂，其味道和颜色就会流失。

❷ 如果用竹签可以扎透紫薯，即可将其从热水中捞出，剥去外皮，压碎，制成紫薯泥。加入盐和汤汁，继续压成细泥。

❸ 把紫薯细泥倒入个人喜好的硅胶模具中摊薄，放入 90℃预热好、通风、湿度为 0% 的对流烤箱中，烘烤约 3 小时。

❹ 食用前脱模取出，放入 150℃的色拉油（分量外）中炸制 5 秒即可。

摆盘示例

梦幻

这是一款颇具古典风味的鱼类菜肴，在面包粉烤比目鱼中加上鱼汤和干番茄，再配合鱼高汤。土豆是这种烹调方式的经典配菜，此次选用了紫薯片，艳丽的色泽和纤细的曲线更能呈现出高档餐厅的氛围。

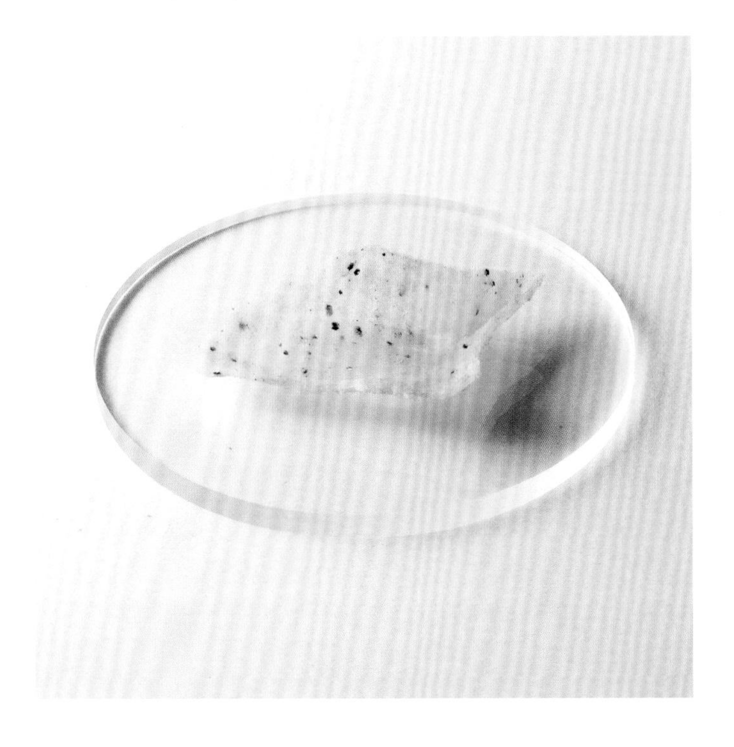

用搅拌机把沙丁鱼和粉末全都打碎成糊状后冷冻、再炸制成脆片。除了沙丁鱼以外，只要是适合用于仙贝配菜的食材都可替换，如樱花虾、海苔等。

厨师 / 高桥雄二郎

配料（大约 20 个）

沙丁鱼　45g | 土豆淀粉　50g
黏米粉　25g | 水　40g
盐　适量

沙丁鱼片
"SHIRASU" Chips

颜　　色：
白色○

口　　感：
薄脆　爽脆

保持形态：
是

难　　度：
■□□□□

做法

❶ 将所有配料全部混合，用搅拌机搅打成糊。

❷ 用擀面杖将步骤❶擀平，再用油纸上下夹住，擀成 1~2mm 厚的面片。冷冻。

❸ 撕下油纸，切成适宜大小。放入 160℃的色拉油（分量外）中炸至酥脆。

摆盘示例

岸边

烘烤出的沙丁鱼片质地轻薄而纤细，搭配用沙丁鱼和白乳酪制成的慕斯，上面再放沙丁鱼和爆炒九条葱。可作为开胃菜，还可同香槟等搭配享用。此款菜品用途广泛，沙丁鱼可用樱花虾或紫菜替代。

乍看好像紫菜，其实是用海白菜和菠菜制成。嚼起来咯吱咯吱。直接食用、盛放或者夹上食材一起食用都可以。烤制前可按个人喜好随意改变厚度和形状。

厨师 / 高桥雄二郎

配料（易于制作的分量）

海白菜粉　30g
绿色菜泥*　180g
低筋面粉　60g | 蛋白　60g
砂糖　14g | 盐　5g

* 绿色菜泥
将菠菜切成适当的大小，加入足够的水，放入搅拌机中打碎后放入锅中加热。沸腾后倒掉多余的水。剩下的部分再用搅拌机搅拌成泥。

海白菜脆片

Sea Lettuce Tuile

颜　色：
深绿色 

口　感：
薄脆

保持形态：
是

难　度：
■□□□□

做法

❶ 将配料全部放入料理盆中，用打蛋器充分搅打均匀。

❷ 充分混合均匀后，用橡胶抹刀取一片脆片的用量（按个人喜好即可，此次的用量约为 5g），在硅胶垫上涂抹成合适的厚度（此次约 1mm）。

❸ 将食材连同硅胶垫放入烤盘中，在 140℃预热好的烤箱中烤制 15 分钟。

❹ 从硅胶垫上取下即可使用。

摆盘示例

海底

海白菜脆片像千层饼一样层层叠叠，每层夹上少量的牡蛎慕斯、金枪鱼塔塔酱，最后用海白菜和菠菜粉点缀。这道盘饰的做法可随心变化，除了像菜谱这样多层叠加，还可以在上面添加配菜，也可以直接使用。可用模具定形后再烤制。

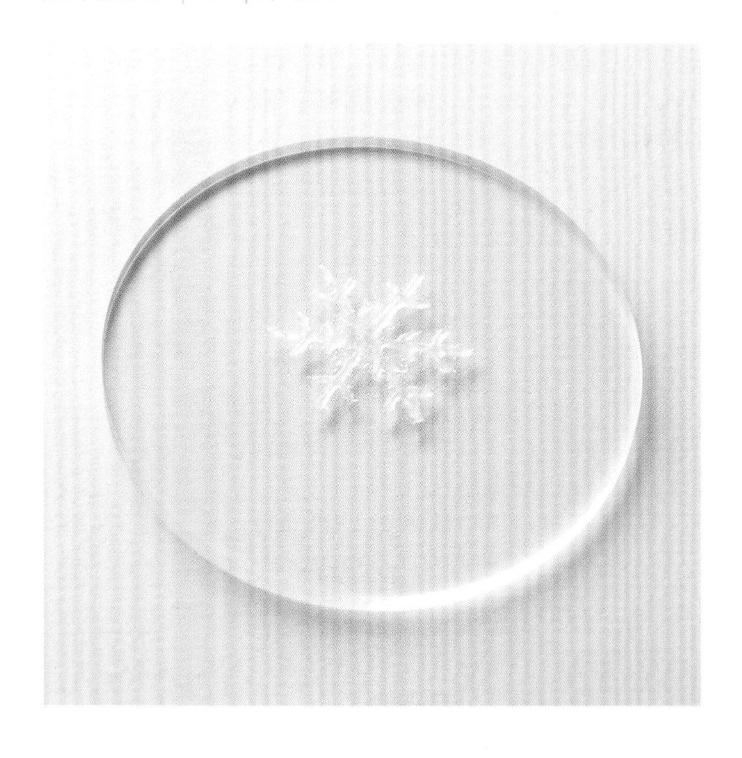

仿佛雪花般的薄脆糖果工艺。一旦硬化成片后碾碎成粉末，然后再次融化成糖，所以便于处置和保存。此款盘饰可做成自己喜欢的形状，用途十分广泛。

厨师 / 桥本宏一

配料（制作 100 个）

翻糖　200g | 麦芽糖　100g
巴糖醇（见 P018）　100g

雪花水晶

Snow Crystal

颜　色：
透明　白色◯◯

口　感：
薄脆

保持形态：
是

难　度：

做法

❶ 将配料全部放入锅中加热。边搅拌边加热至 160℃。

❷ 达到 160℃、配料全部充分混合均匀后，倒在硅胶垫上摊平。在室温下放置 30 分钟左右凝固。

❸ 食材凝固后，用勺子等工具捣碎成合适的大小。

❹ 放入食品处理器中搅拌，直到呈细腻的粉状。

❺ 过筛，在硅胶垫上用模具定形。此次用的是特制雪花造型模具。

❻ 脱模后放入 100℃～120℃的烤箱中加热 1 分钟。

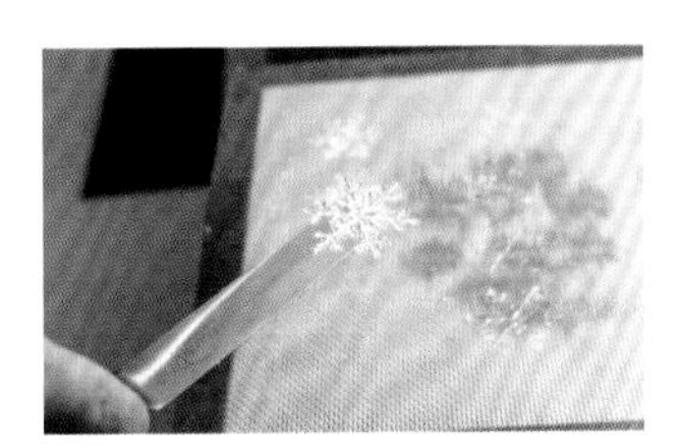

❼ 从硅胶垫上取下，注意不要弄碎雪花。

摆盘示例

冬日礼物

这款小甜品将甘纳许巧克力和草莓装在同一个盘中。草莓上放着酷似雪花水晶的糖果工艺品，甘纳许巧克力盛放在毛毡容器中，营造出冬季氛围。糖果工艺品也可以按个人喜好和做法改变造型。粉末可放入储存容器中保存，十分方便。

看似普通的酥挞，其实是用市售的两张春卷皮，贴在一起制作而成的方便挞皮。挞皮无须从头制作，不仅节省时间，还可更换各种模具，随意制作出各种造型。

厨师 / 加藤顺一

配料（易于制作的分量）

枫糖　100g | 黄油　100g
春卷皮（市售）适量、偶数张

春卷挞
Spring Roll Tart

颜　色：
土黄色

口　感：
爽脆　筋道

保持形态：
是

难　度：
■■□□□

做法

❶ 将枫糖和黄油一起放入锅中边加热边搅拌，沸腾后至乳化均匀。

❷ 展开一张春卷皮，将步骤❶均匀涂抹在一整面。

❸ 在上面叠加一张春卷皮。此次用于挞皮面团的制作，双层叠加是为了增强挞皮的硬度。

❹ 准备一个自己喜欢的挞盘模具，大小随意（此次选用的模具直径约 4cm），再准备一个恰好能围住挞盘的慕斯圈。

❺ 用步骤❸的慕斯圈压在步骤❷的挞皮上，用小刀沿着慕斯圈的外圈划出印记，做出一个圆形挞皮。

❻ 将步骤❺的挞皮放入挞盘中铺平。上面叠放着两三个同样大小的挞盘当做重物。

❼ 将步骤❻放入烤盘中，在预热好 150℃的烤箱中烤制大约 15 分钟。挞皮脱模取下即可备用。

摆盘示例

香草牛肉挞

这是一道用市售的两张春卷皮叠落而成的挞皮，配上香草牛的腿肉塔塔酱或香草而制成的手指餐。撒上木鱼花味的蛋黄酱和酸奶奶酥（见 P088），将牛肉和乳制品融合在一起。除了牛肉和马肉，金枪鱼或乌贼、甜虾等海鲜都很适合制作塔塔酱。

用甜菜和多种糖制作出花瓣形的红色脆片。可以使用自制的花瓣模具，也可随意制作各种形状和大小。如果想突出甜菜的色彩，可以挑战制作玫瑰花的造型。

厨师 / 高桥雄二郎

配料（易于制作的分量）

甜菜　300g | 细砂糖　10g
海藻糖　10g
巴糖醇（见 P018） 25g
葡萄糖　5g | 盐　2g

甜菜脆片

Beetroot Tuile

颜　色：红色

口　感：薄脆

保持形态：是

难　度：■■□□□

做法

❶ 甜菜去皮切成 2cm 大小的方块。上锅煮，用竹签扎透即可。

❷ 将步骤❶和所有配料一起放入搅拌机中，混合搅拌成泥。

❸ 用锥形网纱漏斗过筛。

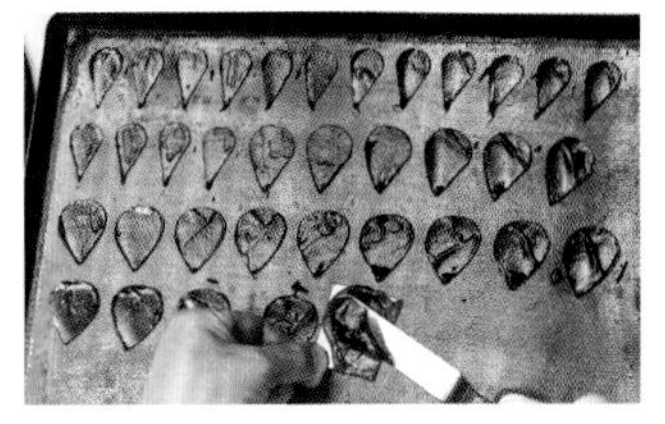

❹ 在烤盘里铺上油纸，薄薄地涂抹上一层步骤❸的泥，用自制的花瓣模具压型（按个人喜好随意选择模具）。

❺ 在预热好 120℃的对流烤箱中烘干加热 35 分钟。

❻ 趁热从油纸上取下，用手轻轻捏一下花瓣的底部，调整出自然的弧度。

摆盘示例

玫瑰

在裹着甜菜果冻薄片的鹅肝上，插上用甜菜脆片层层叠叠制作的玫瑰花。点缀上甜菜粉或酱，统一用红色调，就是一道“招牌菜”。单片的甜菜片也可直接使用，大量使用可呈现出更加华丽的视觉效果。

酥挞的挞皮是用市售的“炸春卷皮”制作而成，因为用市面买到的配料就能制作，十分方便。本品最大的亮点是刚出炉时的清脆口感，然而因为容易受潮，所以要注意水蒸气。

厨师 / 桥本宏一

配料（制作 2 个）

炸春卷皮　适量
澄清黄油　少量

炸春卷皮酥挞

"Pâte à Brick" Tartelette

颜　色：

金黄色 

口　感：

薄脆

保持形态：

是

难　度：

做法

❶ 从炸春卷皮上切下一个直径 6cm 的挞皮。两面涂上澄清黄油。

❷ 铺在直径约 5cm 的布里欧修模具中，再叠放一个同样大小款式的模具。放入 170℃预热好的烤箱中加热 8 分钟。脱去上下模具，即可使用。

摆盘示例

水晶挞

这道一口品尝的手指餐，是在水晶挞上放上蟹肉块和西柚果肉，搭配根芹菜泥和酸番茄酱，再点缀大量的食用花。挞皮薄，入口即化，口感如同派皮般细腻。除了蟹肉之外，与牡丹虾或墨鱼等搭配起来也很不错。

饼皮仅用根芹菜，做法极其简单。用慕斯圈在擀平的饼坯上压出一个圆片，弯曲成 U 形，放入其他配料，品尝起来和墨西哥卷饼一样美味。不过饼坯过薄，容易受潮，要留意水蒸气。

厨师 / 桥本宏一

配料（制作 24 个）

根芹菜泥　500g

根芹菜墨西哥卷饼

Celeriac Tortilla

颜　色：

金黄色 

口　感：

薄脆

保持形态：

是

难　度：

■■□□□

做法

❶ 根芹菜去皮、切成适宜的大小，加入足量的热水（分量外）煮熟。

❷ 将煮熟的根芹菜放入搅拌机中，搅打成泥。

❸ 取 500g 的根芹菜泥，在硅胶垫上铺平，厚度约为 2mm。用电风扇吹一晚，风干。

❹ 用直径约 8cm 的慕斯圈切出圆形。虽然可以直接食用，但是需要弯成U形用来放配料，在50℃的食品干燥机中干燥5~6小时后便可使用。

摆盘示例

惊喜手指餐

仅用根芹菜制作的饼皮，看似墨西哥玉米饼，夹上油炸白鱼和蒜泥蛋黄酱、柚子果肉等，做成一道好像塔可的手指餐。根芹菜饼皮口感细腻、酥脆易碎。弯曲的造型，方便用手拿着放入口中。除了白鱼之外，海鲜和肉都适合搭配。

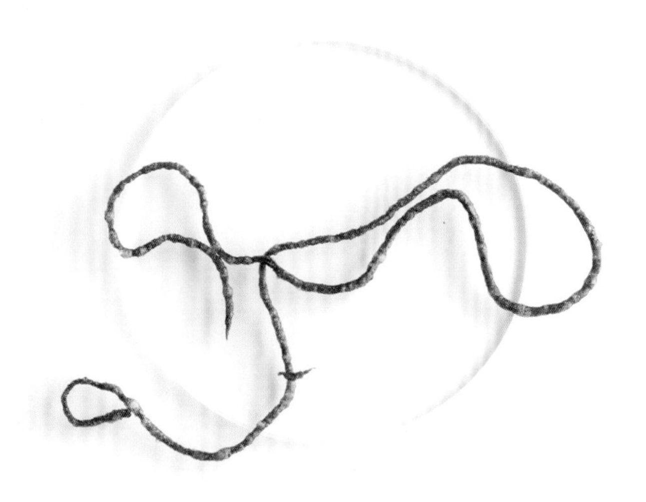

用裱花袋随意勾画出面糊曲线、再油炸而成的西班牙油条。因为使用麦芽粉和木薯淀粉混合而成，所以具有独特的咸味和色泽，从视觉和口感上突出了菜肴的特色。

厨师 / 加藤顺一

配料（易于制作的分量）

低筋面粉　50g | 木薯淀粉　60g
盐　4g | 蛋白　100g
烤麦芽粉（可用黑巧克力粉替代） 15g

烤麦芽西班牙油条

Roasted Malt Churros

颜　色：
深棕色

口　感：
薄脆

保持形态：
是

难　度：
■■■□□

做法

❶ 把所有配料放入料理盆。

❷ 用硅胶刮刀充分搅拌，直到没有干粉。

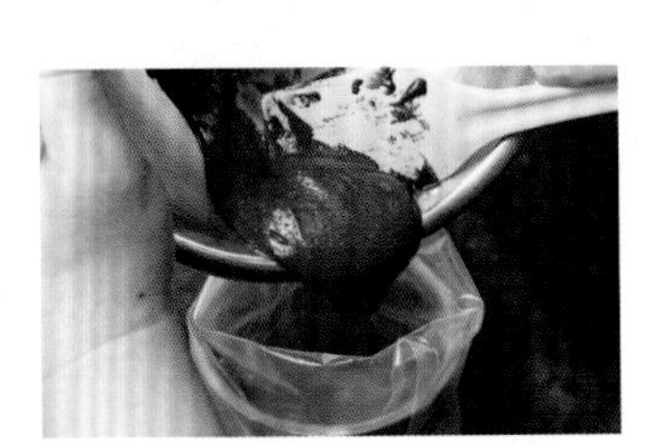

❸ 将步骤❷的面糊倒入直径 2~3mm 的裱花嘴的裱花袋中。

❹ 将面糊挤入 170℃~180℃的色拉油（分量外）中。窍门是用裱花袋随意挤出线条，落入油锅。

❺ 刚下锅油炸时，表面会出现气泡。气泡消失时，炸制完成。

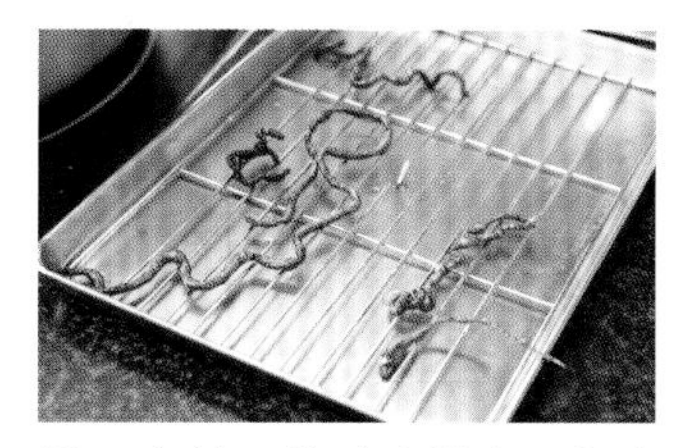

❻ 用长筷子从油中捞出，控油即可。

摆盘示例

曲线

海鳗油条与羽衣甘蓝和苤蓝层叠互相交错，铺上烤麦芽西班牙油条。西班牙油条随意的曲线造型表达了对大自然的向往。这是主厨在北欧积累烹饪修行时对美的追求。

使用多种香料和香气浓郁的利口酒制作的香料脆片，无论在菜品和甜品中都是调味的点睛之笔。虽然面团在烤制前松散、水分大，但是恰好的用料比例会使得脆片在烤制后呈现出爽脆的口感。

厨师 / 高桥雄二郎

配料（大约可做 50 份）

低筋面粉 120g | 细砂糖 45g
盐 1.5g | 水 150g
融化黄油（无盐） 60g
八角粉 1.5g | 肉桂粉 1.5g
肉豆蔻粉 1.5g | 丁香粉 1.5g
茴香酒 150g | 黑朗姆酒 150g

香料脆片

Tuile with Spices and Liqueur

颜　色：
土黄色

口　感：
薄脆

保持形态：
是

难　度：
■■□□□

做法

❶ 将配料中的所有粉末都放入料理盆中。

❷ 打蛋器搅打混合均匀。

❸ 放入所有液体后，继续搅拌。

❹ 倒入自己喜欢的模具。此次在直径 6cm 的圆形硅胶模具中薄薄倒入一层，厚度在 1～2mm。

❺ 放入预热好 100℃～120℃的烤箱里烘烤 1～2 小时。烤制完成的时间和厚度有关，可依据表面上色、凝固的程度来判断是否烤熟。

摆盘示例

香料马卡龙

由四种香料、茴香酒和黑朗姆酒混合制成的薄脆片，叠加在一起，中间夹着红薯奶油、鹅肝慕斯和细网过筛的无霜柿子。享用鹅肝的同时，还能品尝到丰富的甜味和香料的清香。应用场景广泛，可改变香料的配比，或者用巧克力替代香料。

烤制 1mm 极薄的可可豆脆片。层层叠叠的薄脆口感呈现出轻而细腻的质感。如果不加可可豆粉烤制，也可做原味的。

厨师 / 高桥雄二郎

配料（易于制作的分量）

低筋面粉　40g | 可可豆粉　15g
细砂糖　125g | 全蛋 1 个
蛋白　65g
融化黄油（无盐）25g
水　25g

正方形脆片

Square Tuile

颜　　色：
茶色 ●

口　　感：
薄脆

保持形态：
是

难　　度：
■■□□□

做法

❶ 低筋面粉和可可豆粉过筛。

❷ 将细砂糖、全蛋、蛋白全部放入料理盆中，均匀搅拌，避免面糊起筋。加入融化黄油，拌匀。

❸ 在步骤❷中加水混合后，放入步骤❶继续搅拌。

❹ 当全部搅拌充分后，平铺在硅胶垫上，约 1mm 厚。因为烤制后要切开，所以建议全部铺在硅胶垫上。

❺ 将硅胶垫放入 160℃ 预热好的烤箱中，烤制 7～8 分钟。切成合适的大小即可使用。此次切成了 6cm 的正方形。

摆盘示例

轻甜巧克力

巧克力巴菲搭配冰冻橙子酱、再叠加多层的可可豆方形脆片。脆片之间夹着甘菊巧克力的慕斯，周围点缀着巧克力和甘菊的泡泡。脆片的层层叠加，既实现了轻薄的口感，又呈现出甜点派一般的多重口感。

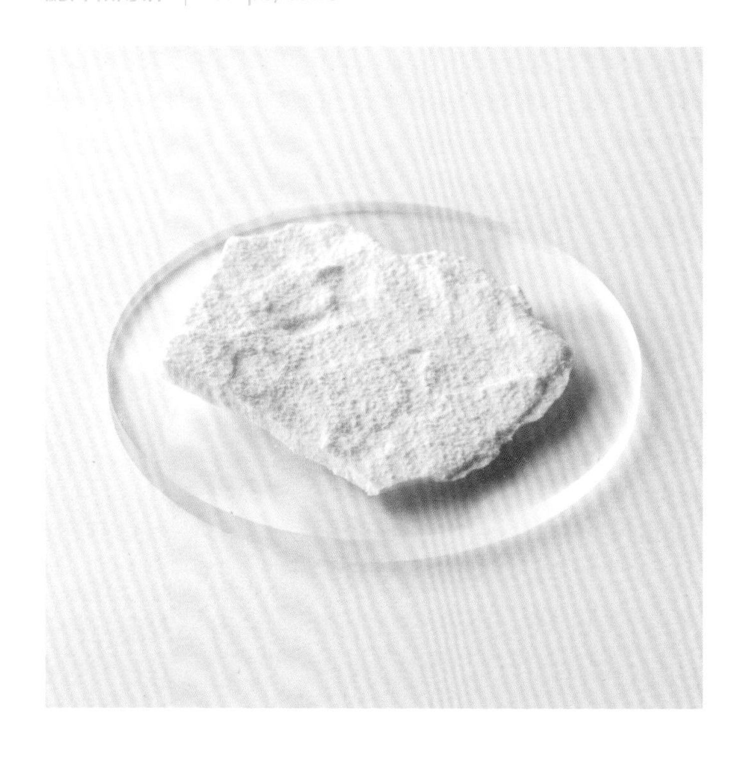

本品和 P044 的蛋白霜脆片基本相同，只在配料和做法略有不同。加入干燥蛋白后，长时间搅打也不会分离。此款蛋白霜更易于制作，而且表面凹凸不平，造型更加丰富。

厨师 / 桥本宏一

配料（易于制作的分量）

蛋白　150g | 干蛋白*　10g
细砂糖　150g | 水　少量

* 干蛋白
即使不加热，气泡也丰富，能制作出细腻、稳定性高的气泡。

蛋白霜脆片 1

Meringue Tuile 1

颜　色：
白色◯

口　感：
爽脆

保持形态：
是

难　度：
■■□□□

做法

❶ 将蛋白和干蛋白全部放入料理碗，用食物料理机搅打。

❷ 将细砂糖和水放入锅中，加热到 118℃。

❸ 将步骤❶放入打蛋料理盆中，用家用料理机打发起泡，再放入 118℃的步骤❷，打发至呈现直立三角尖时为止。

❹ 将步骤❸铺在硅胶垫上，2～3mm 厚。可以保持原样，也可以用刮刀增添凹凸造型。在预热好 65℃的食品干燥机中干燥。

❺ 将步骤❹切成合适的大小即可使用。

摆盘示例

勃朗峰蛋糕

在饼干上挤上栗子泡泡，用蛋白霜脆片覆盖周围，这道甜品好似阿尔卑斯山脉的最高峰勃朗峰。在周围撒下白巧克力冰激凌粉、让人联想到当地的雪景。在脆片的表面刻意制作凹凸不平的形态，呈现出自然的效果。

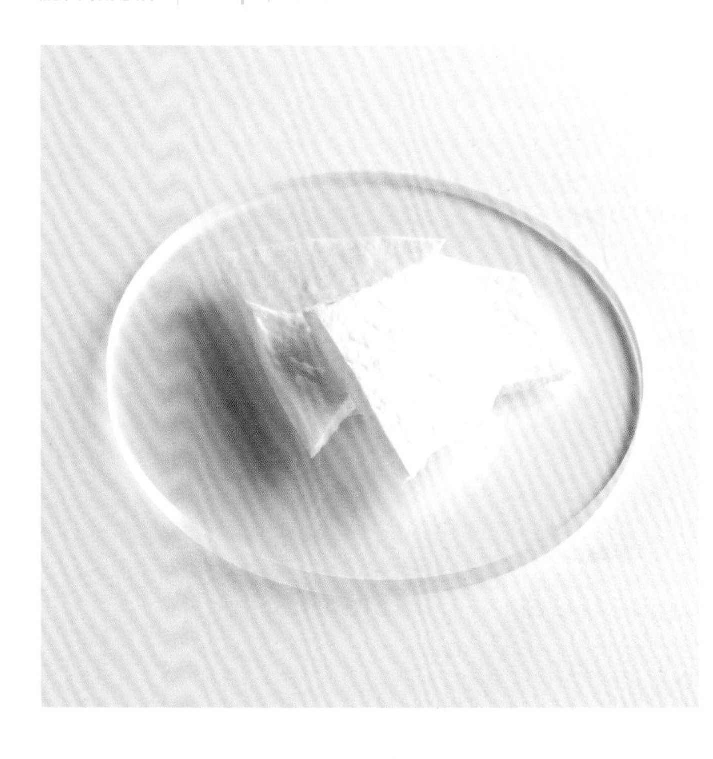

在烤箱里干燥烤制成的蛋白霜脆片。配料非常简单，只用蛋白和砂糖。这款盘饰十分实用，可以提前预制成甜品和小点心备用。可整张直接使用，同样也适用于夹入奶油中食用。

厨师 / 田渊拓

配料（大约制作 35 个）

蛋白霜预先准备

蛋白　60g | 细砂糖　30g

糖浆

细砂糖　90g | 水　60g

蛋白霜脆片 2

Meringue Tuile 2

颜　色：

白色〇

口　感：

爽脆

保持形态：

是

难　度：

■■□□□

做法

蛋白霜预先准备

把蛋白和细砂糖放入打蛋料理盆中，蛋白打发起泡、蛋白出现隆起的尖端。

糖浆

将细砂糖和水一起放入锅中加热。待细砂糖充分溶化，加热到 118℃后关火。

制作

❶ 在预先准备好的蛋白霜中加入 118℃的糖浆，用搅拌机搅拌，直到出现光泽。

❷ 平铺在硅胶垫上，厚度约 3mm。在 80℃、通风、湿度为 0% 的热风循环烘箱中干燥一晚。

❸ 从硅胶垫上取下，切成合适的大小即可。

摆盘示例参照 P019

饼干和曲奇饼 | Cookies, Biscuits

弯曲饼干
Curved Cookies

树枝阿拉棒
Grissini

海藻曲奇饼
Seaweed Biscuits

蜂巢饼干
Honeycomb-shaped Cookies

蘑菇莎布蕾
Mushroom Sable

烘焙麦芽饼干
Roasted Malt Cookies

银杏叶饼干
Ginkgo-shaped Cookies

小手饼干
Hand-shaped Cookies

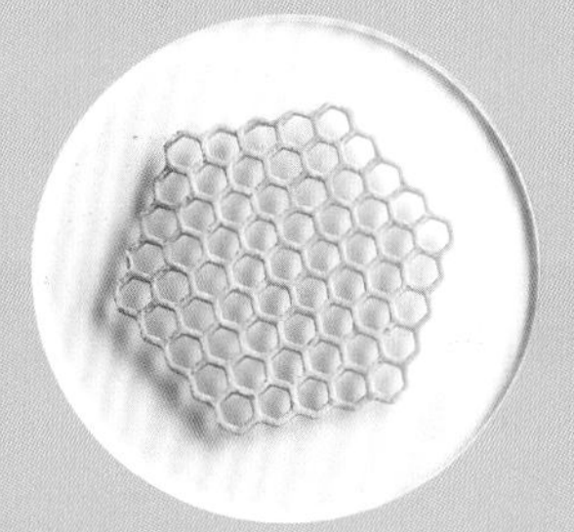

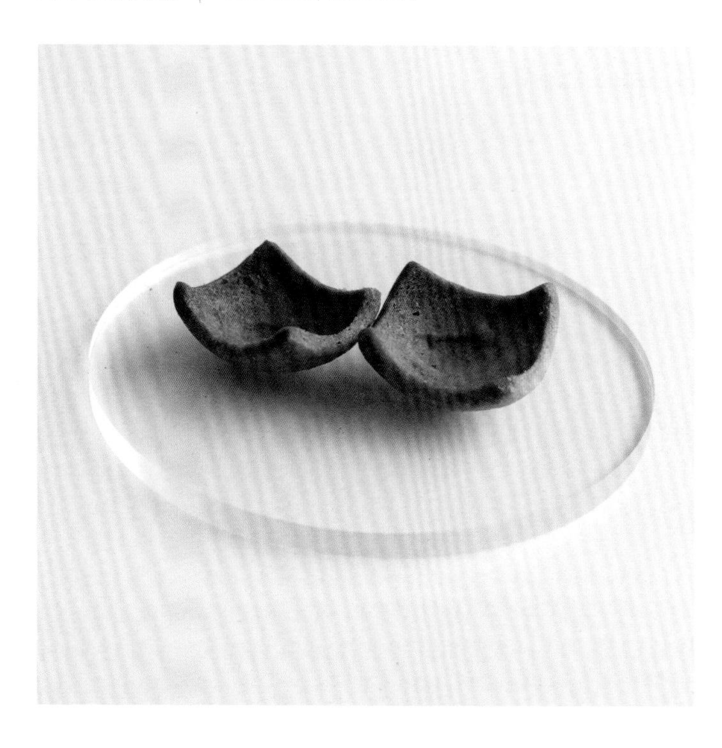

用半球形硅胶模具的背面将基础的饼干面团压出弓形弧度。在上面放上其他装饰食材，此道盘饰就能成为一口吞下的挞皮面团。提前制作多份备用，也可适用于小点心和冷盘。

厨师 / 加藤顺一

配料（易于制作的分量）

黄油（无盐） 300g
糖粉 160g | 全蛋 85g
低筋面粉 530g | 杏仁粉 55g
盐 4g

弯曲饼干
Curved Cookies

颜　色：土黄色

口　感：硬脆

保持形态：是

难　度：■■■□□

做法

❶ 黄油常温软化后放入料理盆中，加入糖粉搅拌均匀。少量多次加入已经打散且没有块状杂质的全蛋液。注意，一次加入全部蛋液会导致液体和固体分离。

❷ 完全融合后，加入过筛的低筋面粉、杏仁粉和盐，充分搅拌到没有干粉，注意不要起筋。

❸ 将步骤❷的面团放在保鲜膜上，然后在上面再盖上一层保鲜膜。

❹ 擀成均匀的薄片，厚度为 3mm。放在阴凉处醒发一晚。

❺ 撕掉步骤❹面团上的保鲜膜，切成 3cm 见方的正方形。将直径约 3cm 的半圆硅胶模具倒置，把面片放在半圆硅胶模具上。

❻ 在 170℃预热好的烤箱中烤制 7 分钟。烤制到面团的四个角出现下垂，并沿着半圆出现弧度弯曲即可。

❼ 烤制完成后，稍稍刮一下弧形凸起的一面保证饼干可平稳立住即可。

摆盘示例

大吉岭慕斯

此道菜品可作为餐后甜品或精致小点提供。在有弧度的饼干表面上涂抹一层用焦糖制作的大吉岭慕斯（见 P130），做成一口品尝的酥挞。上面的点缀最好选择慕斯或奶油等，它们的甜度和醇香与饼干的酥脆相得益彰。

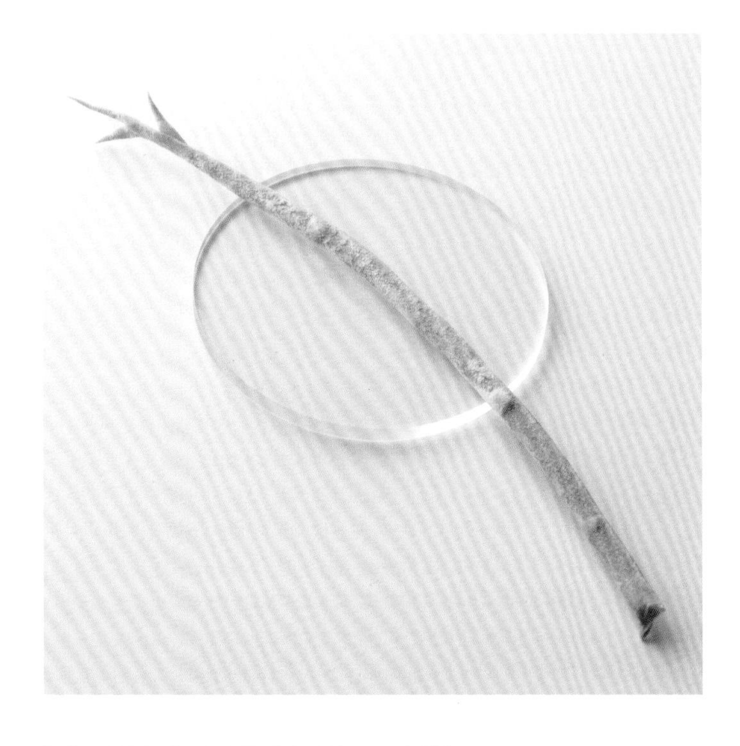

此款阿拉棒是用比萨面团制作而成，一端做出树杈造型，十分俏皮可爱。当然可以直接食用，不过还是建议用生火腿等加工肉卷着吃更美味。

厨师 / 桥本宏一

配料（100 个份）

高筋面粉　160g
中筋面粉　160g
干酵母　10g | 水　190ml
盐　4g | 竹炭粉　0.4g

树枝阿拉棒

Grissini

颜　色：淡茶色

口　感：爽脆

保持形态：是

难　度：■■□□□

做法

❶ 将竹炭粉以外的配料全部放入打蛋料理盆中，用家用料理机充分混合。全部混合均匀后，用手揉成一个面团，用拧干的湿布盖在上面，静置一小时发酵。

❷ 当面团发酵后，用拳头按压面团排气，再次静置一小时常温发酵。

❸ 在面团中加入竹炭粉，搅拌出大理石花纹。

❹ 用压面机将面团压薄，宽度大约 28cm。按 0.5 ~ 1cm 的间隔裁切面团。把边角料切短。

❺ 在步骤❹的棒状面团上用水粘接短小的边角料，制作成小树枝造型。

❻ 在 200℃预热好的烤箱中烤制 4 分钟。

摆盘示例

棉花糖 雾凇

在酷似树枝造型的阿拉棒上卷上撒着普罗旺斯香草和胡椒粉的猪肥肉，可以和棉花糖树枝一起作为套餐中的开胃菜。这是一道可品尝的表演秀。阿拉棒除了搭配猪肥肉，和腌制加工肉的搭配也非常合适，比如腌制猪腿肉、腌制鸭肉等。

放入鱼骨硅胶模具中烤制成的曲奇饼。搭配自制的海藻粉、海参粉、鳀鱼露，浓郁的海鲜风味让人回味无穷。此款盘饰适合海鲜菜肴的摆盘装饰。

厨师 / 田渊拓

配料（易于制作的分量）

海藻粉* 1g | 海参粉* 4g
低筋面粉 15g | 蛋白 16g
鳀鱼露 2g | 细砂糖 7g
黄油（无盐） 10g

* 海藻粉
把咸海带、海带、裙带菜（均适量）放入搅拌机中打成粉末。

* 海参粉
将市售的海参放入搅拌机中打成粉末。

海藻曲奇饼

Seaweed Biscuits

颜　色：
茶色

口　感：
硬脆

保持形态：
是

难　度：
■■□□□

做法

❶ 将全部配料放入食品处理器中搅拌。

❷ 全部搅拌均匀后成团，装入保存容器中，再放入冰箱静置 1 小时左右，让面团定形。

❸ 用擀面杖擀平面团。平铺在鱼骨硅胶模具（模具随意）中。

❹ 放入 185℃预热好、通风、湿度为 0% 的蒸烤箱中，烤制 7 分钟。

❺ 趁热将鱼骨模具的两端弯出弧度。脱模后即可使用。

摆盘示例

海的风味

在红章鱼塔塔酱上铺着酷似蛋黄的海胆，周围撒上海藻粉，再搭配海藻曲奇饼，成为一道海鲜风味十足的开胃菜。搭配曲奇饼，为主食材红章鱼增添酥脆的口感和浓郁的香味。除了红章鱼或海胆，也适合同各种海味搭配。

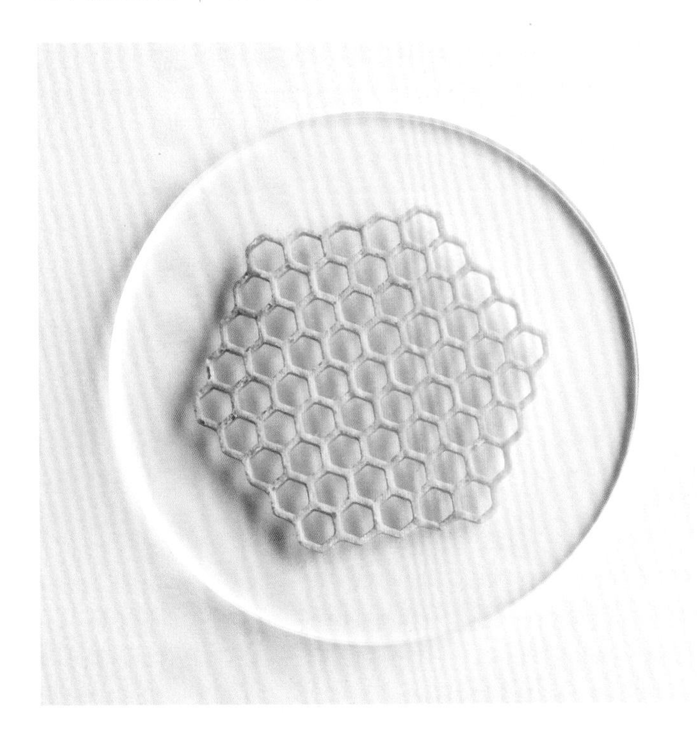

这是一款用蜂巢硅胶模具烤制的饼干。饼干的面团是基础面团，但是不同的模具造型能够给予食客不一样的视觉冲击。在使用蜂巢硅胶模具时，在蜂巢洞穴里挤些浆糊或奶油，效果更佳。

厨师 / 田渊拓

配料（易于制作的分量）

低筋面粉　50g
黄油（无盐）　30g
蛋白　25g | 细砂糖　30g

蜂巢饼干

Honeycomb-shaped Cookies

颜　色：
土黄色

口　感：
硬脆

保持形态：
是

难　度：
■□□□□

做法

❶ 将全部配料放入食品料理机中混合搅拌。

❷ 当全部配料搅拌均匀成团后，用保鲜膜包好放入冰箱中，静置 1 小时，醒发面团。

❸ 用擀面杖擀平面团，平铺在自己喜欢的模具中。此次选用的是蜂巢模具。

❹ 放入 160℃预热好、通风、湿度为 0% 的蒸烤箱中，烤制 10 分钟。

❺ 脱模即可。

摆盘示例

蜜与奶

容器中盛着由芒果、百香果等南方水果与蜂蜜混合而成的冰激凌，再点缀上蜂巢造型的饼干。在一个一个的“蜂巢”里挤上欧芝挞奶酪奶油，在味道和造型上都是点睛之笔。

在基础的莎布蕾面团中混入干香菇粉，由此制成的咸味莎布蕾也能用于菜品中。混合粉末可用烤制的香菇来提香，也可使用其他蔬菜。

厨师 / 加藤顺一

配料（易于制作的分量）

莎布蕾面团

低筋面粉　220g

玉米淀粉　13g | 泡打粉　1g

盐　4g | 黄油（无盐） 75g

装饰

细砂糖　35g | 干香菇粉*　15g

全蛋　1个

* 干香菇粉

将香菇洗净，放在60℃的食品干燥机中干燥两天后，用搅拌机打成粉。

蘑菇莎布蕾

Mushroom Sable

颜　色：

茶色

口　感：

硬脆或筋道

保持形态：

是

难　度：

■■□□□

做法

莎布蕾面团

将配料全部放入料理盆中，双手搓揉面团，至颗粒细腻。此次用的是低筋面粉，也可用高筋面粉。低筋面粉口感松软，高筋面粉的口感则松脆有嚼劲。

装饰

❶ 在揉搓出细颗粒的莎布蕾面团中加入装饰的配料（细砂糖、干香菇粉、全蛋）搅拌。

❷ 全部搅拌均匀后，用保鲜膜包裹后放入冰箱里醒发面团。

❸ 将面团擀平，厚度2mm。用自己喜欢的模具压出造型。放入预热好170℃的烤箱中烤制8分钟。造型的大小或形状可根据烤制时间调整。

摆盘示例

鸡肝酱三明治

这道三明治是用沾着干香菇粉的莎布蕾面团和鸡肝酱制作而成，可做开胃菜，上面撒些黑加仑粉（见 P096），搭配着香槟食用。莎布蕾散发着干香菇的香味，也可用其他有香味的蔬菜替代。

棕褐色的饼干是加入烘焙过的麦芽粉制成的。麦芽粉为甜点增添香气。此次用树枝模具烤制而成，但是只要调整烤制时间，形状或大小、厚度都可随心更改。

厨师 / 加藤顺一

配料（易于制作的分量）

融化黄油（无盐） 100g
蛋白 100g | 糖粉 80g
低筋面粉 100g
烘焙麦芽粉（也可用黑巧克力粉替代） 20g

烘焙麦芽饼干

Roasted Malt Cookies

颜　色：

深棕色 

口　感：

酥脆

保持形态：

是

难　度：

■■□□□

做法

❶ 将融化黄油、蛋白放入料理盆中，充分搅拌。

❷ 在步骤❶的料理盆中依次放入糖粉、低筋面粉、烘焙麦芽粉，每次放入粉末都要搅拌均匀，注意避免结块。

❸ 将步骤❷揉成团，用保鲜膜包裹后放入冰箱里醒发一晚。

❹ 将步骤❸放入自己喜欢的模具中。此次放入树枝硅胶模具中，厚度大约为 2mm。放入 180℃预热好的烤箱中加热 6 分钟。脱模，常温冷却即可使用。

摆盘示例

北欧冬季风光

白巧克力冰激凌粉或香草粉筛在朗姆黑加仑冰激凌上，点缀着酷似枯树枝的烘焙麦芽饼干，打造出一款令人联想起北欧冬季风光的甜品。它的亮点是特有的迷人香气和深褐色。烘焙大麦粉如不易购买，可用可可豆粉替代。

使用自制的栗子酱搭配口感爽脆的饼干。如用其他配料做酱，口味则变化无穷。再加上使用自己独创的模具，造型也可以千变万化。

厨师 / 高桥雄二郎

配料（易于制作的分量）

栗子酱

栗子（去壳）* 700g | 水 适量

细砂糖 120g

装饰

栗子酱 300g | 蛋白 60g

黄油（无盐） 60g

低筋面粉 15g | 抹茶粉 适量

* 栗子去壳

用小刀在栗子外壳上划开一道口子，摆在烤盘中用保鲜膜盖上。放入100℃预热好、无风、湿度为100%的蒸烤箱中加热1小时。将栗子切半，用勺子取出栗子肉。

银杏叶饼干

Ginkgo-shaped Cookies

颜　色：

黄色　黄绿色

口　感：

薄脆

保持形态：

是

难　度：

■■□□□

做法

栗子酱

❶ 将700g栗子肉和足量的水放入锅中，开火煮软。

❷ 加入细砂糖，加热到水分蒸发。

❸ 放入食品料理机中搅拌至糊状，过筛。

装饰

❶ 将栗子酱倒入料理盆中，加入蛋白混合均匀。微微加热到接近人的体温时，放入融化的黄油搅拌。

❷ 筛入低筋面粉，继续搅拌。

❸ 将步骤❷的成品一分为二，一半留着备用，在另一半中加入抹茶粉，搅拌成黄绿色浆。

❹ 在硅胶垫上放好自己喜欢的模具，将步骤❸的两种浆分别用抹刀涂抹到模具中。银杏叶模具可用牛奶纸盒制作。

❺ 放入烤盘中，在 130℃预热好的烤箱中烤制 15 分钟。

❻ 烤制完成后从烤箱中取出，冷却，再从硅胶垫取下即可。

摆盘示例

秋日银杏

容器中盛放着洋梨慕斯和蜜饯果铺，再叠加香豆冰激凌和栗子慕斯。插上两种颜色的银杏叶饼干，下面铺一层可可豆奶酥，打造出一款秋季甜品。饼干的模具造型可随心更换，除了栗子之外，只要是甜味食材都可制作出同款甜品，例如红薯、南瓜等。

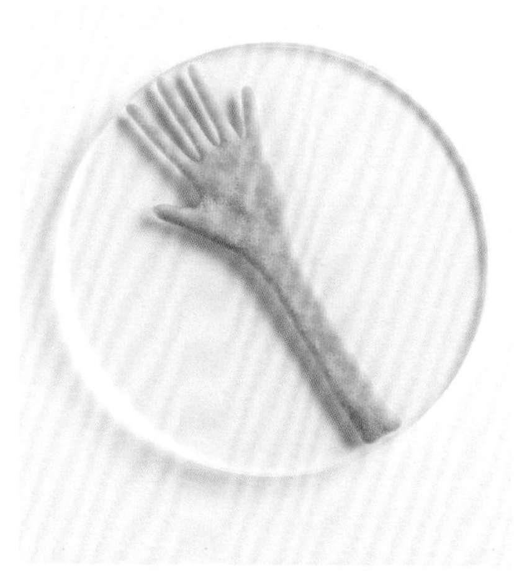

颜　　色:	土黄色
口　　感:	薄脆
保持形态:	是
难　　度:	■□□□□

小手饼干

Hand-shaped Cookies

提拉米苏的意思是“带我走”，因此烤制了小手造型的饼干。饼干面团的配料和做法同蜂巢饼干（见 P052）一致，都是基础版本，根据最终成品在模具造型上花些心思。

厨师 / 田渊拓

配料（易于制作的分量）

低筋面粉　50g | 黄油（无盐）　30g | 蛋白　25g
细砂糖　30g

做法

❶ 将全部配料放入食品料理机中混合搅拌。

❷ 当全部配料搅拌均匀成团后，用保鲜膜包好，放入冰箱里静置 1 小时，醒发面团。

❸ 用擀面杖擀平面团。在小手模具（可选择任意模具）中薄薄铺上一层。

❹ 放入 160℃预热好、通风、湿度为 0% 的蒸烤箱中烤制 10 分钟。脱模后即可使用。

摆盘示例

提拉米苏

在提拉米苏上叠加可可豆脆片，洞里插上小手饼干。和蜂巢饼干的做法异曲同工，虽然是用基础饼干面团制成，但是改变造型，就能呈现完全不一样的效果。

软片 | Sheets

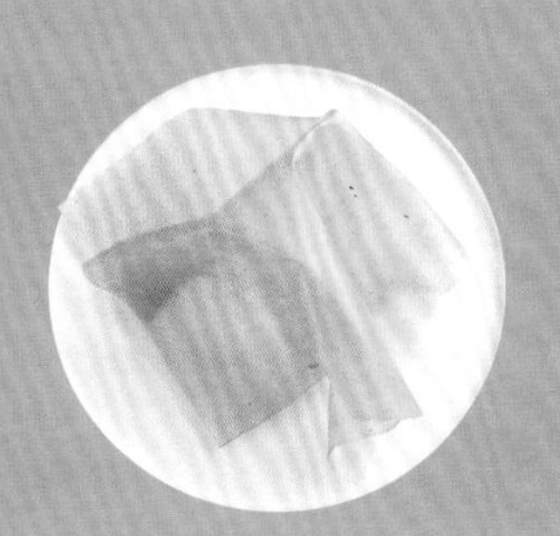

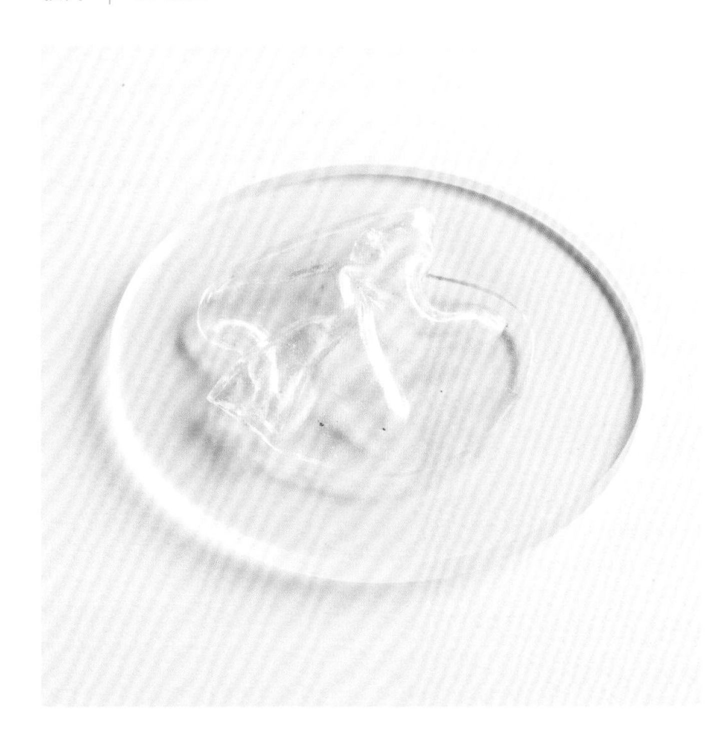

此款果冻片具有良好的弹性和延展性。特点是成品的透明度，如果为了突出这一特点，就可选用像此次这种不易混色的配料来制作。

厨师 / 田渊拓

配料（制作大约 30 个）

米醋　150g | 细砂糖　140g
盐　6g | 鳀鱼露　2g
酸橘果汁　6 个 | 酸橘皮　6 个
月桂叶　2 片 | 茴香籽　1.5g
水　300g | 弹性吉利丁粉　4g

弹性果冻片

Elastic Sheets

颜　色：透明◯

口　感：软滑

保持形态：是

难　度：■■□□□

做法

❶ 除弹性吉利丁粉以外，将剩下的配料全部放入锅中开火加热。开锅后煮出香味即可关火。余热散去后放入冰箱。静置一晚，让香味渗入液体中。

❷ 第二天，用细筛过滤。

❸ 将过筛后的液体倒入锅中，再加入弹性吉利丁粉，充分搅拌均匀。开火加热。

❹ 沸腾后关火，薄薄一层浇在烤盘中。此次的厚度大约为 2mm。

❺ 当步骤❹完全凝固后，用直径约 7cm 的慕斯圈（也可选用自己喜欢的模具）切下即可使用。

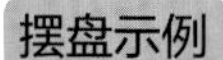

摆盘示例

色彩

在盘子中央摆放雪蟹肉块，周围点缀五颜六色的食用花和各种香料。盖上一片透明的弹性吉利丁片，不会遮挡任何色彩，提升了酸味、美味以及爽滑的口感。可在周围点缀由红椒、胡萝卜、洋葱等蔬菜制作的菜泥。

在番茄的提取液中加入琼脂，凝固成薄片。虽然晶莹透明，却能品尝出番茄的鲜味、甜味和酸味。此次做成薄片，如果倒入较深的容器中冷藏凝固，就可制作成番茄果冻。

厨师 / 高桥雄二郎

配料（制作大约 10 片）

番茄提取液　300g | 盐　适量
琼脂　36g

番茄味琼脂片

Agar Sheets with Tomato Flavor

颜　　色：
透明◯

口　　感：
滑弹

保持形态：
是

难　　度：
■■□□□

做法

❶ 制作番茄提取液。将番茄切成适宜大小，用搅拌机搅拌。

❷ 将步骤❶倒入铺好厨房用纸的过滤网筛中，然后放入冰箱过夜。通过番茄液自身的重量自然过滤完成。

❸ 将步骤❷的番茄提取液倒入锅中，加入盐、琼脂混合均匀。开火加热，控制温度不要沸腾。

❹ 将步骤❸倒入预热好的烤盘中，厚度为 1～2mm，常温下凝固。

❺ 凝固后切成适宜大小即可。

摆盘示例

春天的嫩芽

此道菜品像卷春卷一样，用番茄琼脂片把萤火鱿和紫萁或树芽、蜂斗菜等野菜包裹起来。用番茄的甜味和酸味压制春季食材的苦涩，使其更加可口。这款番茄琼脂片就是酱汁的替代品。用日式酱汁或西洋醋来替代番茄的提取液，也十分美味。

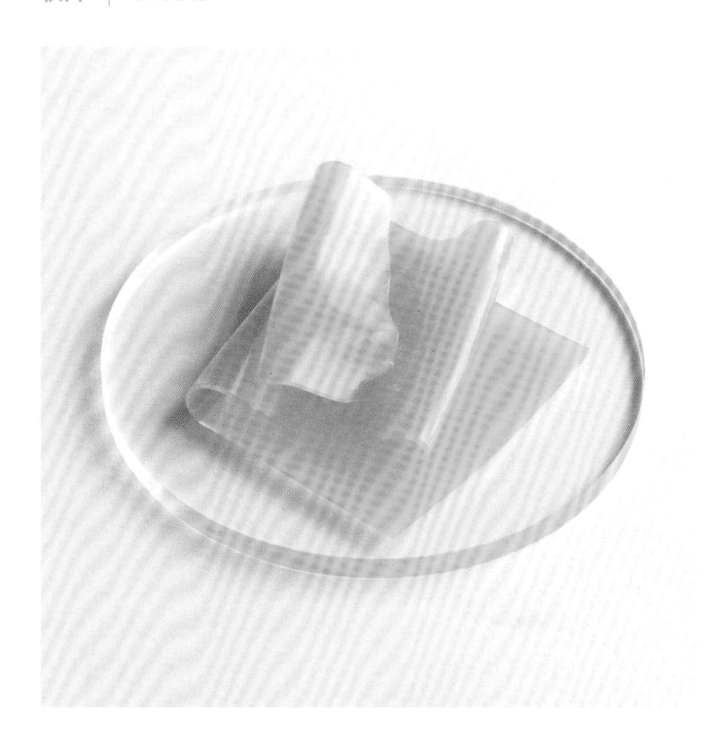

这款盘饰保留了橙子本身的酸味和甘甜。虽然黏性和延展性都稍逊色于明胶，但是它极易咀嚼，可以轻松搭配不同口感的食材，容易营造出整体效果。

厨师 / 田渊拓

配料（制作大约 12 片）

鲜榨橙汁　100g | 浓缩橙汁　70g
白葡萄酒醋　10g | 细砂糖　10g
琼脂　占整体配料的 1.2%

琼脂片

"KANTEN" Agar Sheets

颜　色：
橙色　透明

口　感：
滑嫩

保持形态：
是

难　度：

做法

❶ 将浓缩橙汁倒入料理盆，一边用过滤网筛过滤鲜榨橙汁，一边加入浓缩橙汁。

❷ 加入白葡萄酒醋和细砂糖混合均匀。

❸ 倒入锅中，加入琼脂（占整体配料的 1.2%）混合后，加热。

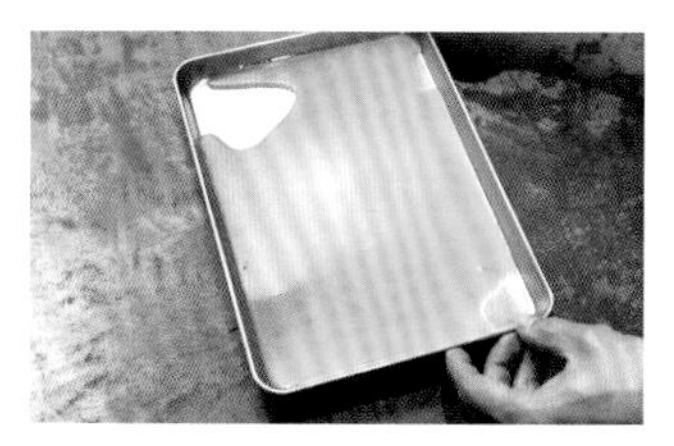

❹ 开锅后关火，薄薄一层铺在烤盘中。此次的厚度大约为 2mm。虽然有些琼脂可在常温下凝固，但急用时可放入冰箱冷藏凝固。

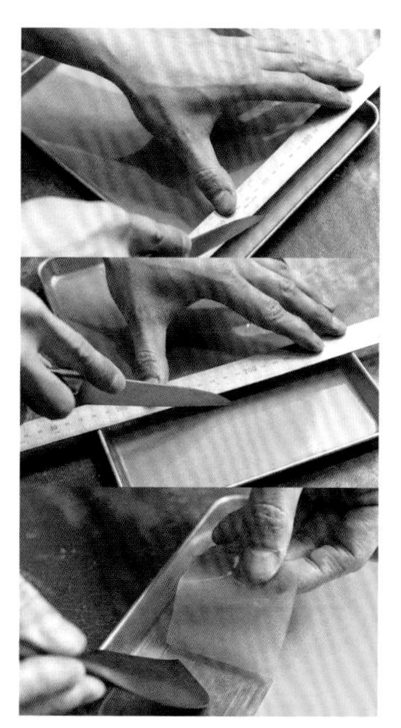

❺ 凝固后切成合适的大小即可。食谱中切成了 6cm × 12cm 左右的长方形。

摆盘示例

酸甜帷幔

藏在橙子琼脂片下面的是三枚切*的沙丁鱼，经过腌制后烤制焦香的带皮鱼肉，还有酥脆的鱼骨。用新洋葱切片打底，洋葱的甘甜和橙子的酸味让人对沙丁鱼欲罢不能。橙子片不仅可用于甜品中，也可用于此次的鱼或前菜的食谱中。

* 三枚切：原文“三枚おろし”，一种切分鱼的方法，剔除鱼头和内脏，把鱼纵切成三部分，即右边的鱼肉、左边的鱼肉，还有中间的鱼骨。

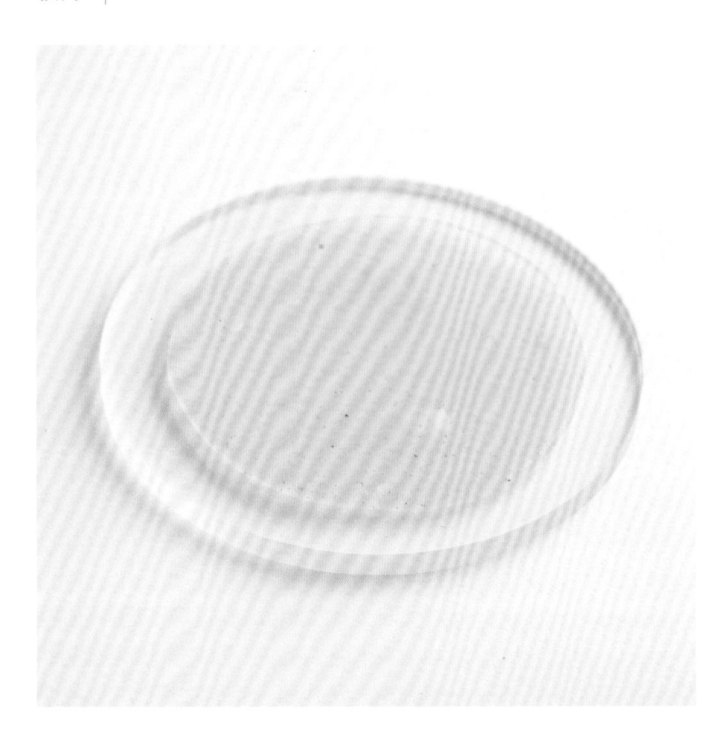

这款果冻片越用手抓质感越好。配料只用洋梨汁和“伊那琼脂”即可制成，除了洋梨之外，只要是酸味少的果汁也可凝固，适用于多种烹饪场景。

厨师 / 加藤顺一

配料（易于制作的分量）

洋梨果汁（市面销售） 1L
琼脂 18g

果冻片

Jelly Sheets

颜　色：
淡黄色　半透明◯◯

口　感：
滑弹

保持形态：
是

难　度：
■■□□□

做法

❶ 将洋梨放入锅中加热。开锅后关火。

❷ 为避免产生结块，少量多次加入琼脂，充分搅拌后煮沸熔化。

❸ 当琼脂熔化后，在烤盘里薄薄铺一层，厚度大约为 2mm，然后静置。温度达到 40℃左右凝固成果冻。

❹ 用自己喜欢的模具切下即可使用。此次用直径约 8cm 的慕斯圈切下。

摆盘示例

浪花的礼物

主角是藏在果冻片下面的意式生黄带拟鲹。巧用果冻半透明的特点，盖在主菜上有若隐若现的视觉效果，引发食客好奇心。撒上带有柚子香味的泡沫（见 P132，柚子果汁泡沫），就是一道口感清凉的海鲜前菜。

一款口感黏糯的薄片。用求肥当做配料是为了饱腹感更好，关键在于刻意擀薄，避免厚重。虽然添加色素可呈现出无穷变化，但是如此的口感非求肥不可。

厨师 / 高桥雄二郎

配料（易于制作的分量）

白玉粉 120g | 水 240g
细砂糖 107g | 玉米淀粉 适量

求肥片

"GYUHI" Rice Cake

颜　　色：
白色◯

口　　感：
顺滑　黏糯

保持形态：
是

难　　度：
■■□□□

做法

❶ 除玉米淀粉以外的配料放入耐热料理盆中充分混合。在 500W 的微波炉中加热 1 分 30 秒。用硅胶刮刀轻轻搅拌，再加热 1 分钟。

❷ 为防止粘连，撒些玉米淀粉，用擀面杖擀平的面团。用油纸夹住，擀成 3mm 厚。放入冰箱冷藏。

❸ 切割成合适大小，即可使用。

摆盘示例

凉糯

在意式蛋白霜做的球形容器中，放入煎茶手指海绵饼干或草莓，再盖上一层樱花冰激凌，放上一片求肥片。表面上涂上糖浆，再点缀上口感酥脆的腌制樱饼。为了避免厚重感，求肥片尽量要薄。

注：求肥，一种日本点心。

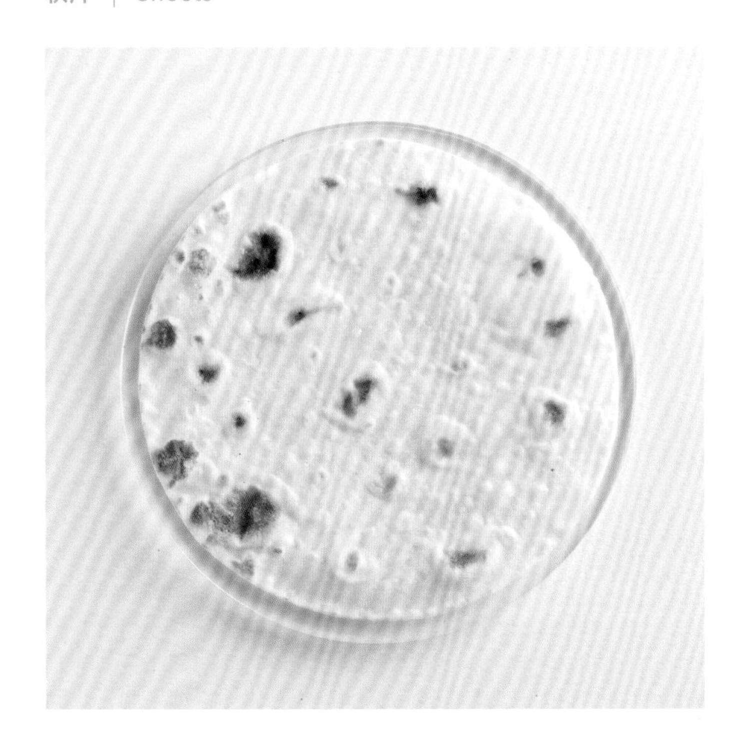

在意大利罗马涅的传统美食中，直径大约 10cm 的未发酵面饼俗称“意大利薄饼”。同墨西哥饼一样可以搭配其他食材一起享用。当地的最佳搭配是萨拉米香肠和芝士。

厨师 / 田渊拓

配料（制作大约 10 片）

00 号面粉 80g | 酵母粉 0.08g
盐 1.5g | 水 48g | 猪油 4g

迷你意大利薄饼

Mini "Piadina"

颜　色：
白色　淡茶色

口　感：
筋道

保持形态：
是

难　度：

做法

❶ 将配料全部放入打蛋料理盆中，用硅胶刮刀搅拌至液体和粉末充分混合。

❷ 将打蛋料理盆和家用料理机组装好，用中速揉面 10 分钟。如果没有家用料理机，用手揉也可以。

❸ 将揉好的面团放在阴凉处，醒发一天。

❹ 用压面机反复挤压的面团，逐渐拉薄。

❺ 大约拉伸到 2mm 厚度，在室温下干燥表面，直至面团不回缩。用直径约 10cm 的慕斯圈切下备用。

❻ 平底锅预热，用小火直接烤至薄饼的两面焦黄。如果不立即使用，为避免面饼干燥，可将多张饼叠摞起来，用保鲜膜包裹保存。

摆盘示例

来自意大利

此次是蔬菜炖菲力搭配辛辣的香辣萨拉米，再搭配欧芝挞奶酪等，调制出甜辣的口感。生火腿和布拉塔奶酪等、香肠或萨拉米与奶酪都是绝配。

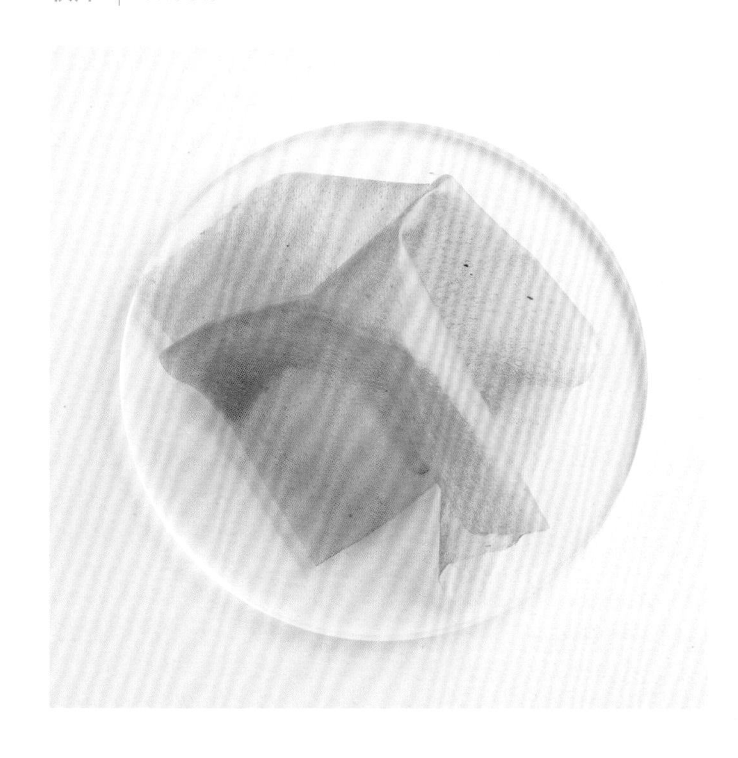

在北欧美食中，有一款著名的菜品叫“皮革”薄片。它没有使用凝固剂，而是用苹果中含有的果胶来凝固食材。当然，不只是苹果，只要是富含大量果胶的水果都可使用。

厨师 / 加藤顺一

配料（易于制作的分量）

过油炒的洋葱　500g
苹果（加热过）　500g

“皮革”

“Leather”

颜　色：
淡黄色　半透明◯◯

口　感：
黏滑

保持形态：
是

难　度：
■■■□□

做法

❶ 将洋葱切成薄片，在锅中倒入色拉油（分量外），慢慢翻炒，避免焦煳。此道菜品最终需要放凉使用，最好使用植物油。

❷ 当洋葱炒至软烂时，用搅拌机搅拌。

❸ 苹果去皮、去核，切成适宜大小，放入耐热器皿中，用微波炉加热至变软。

❹ 用搅拌机搅拌步骤❸。

❺ 将步骤❷中的洋葱 500g 和步骤❹中的苹果 500g 倒入搅拌机中，搅拌成糊状。再用锥形网纱漏斗过筛。

❻ 在硅胶垫上用刮板抹平，厚度为 1～2mm。此次的形状是一个大约 15cm×35cm 的长方形。不过切掉了硅胶垫的边缘，当作塑形的边框来使用。

❼ 在室温下放置一晚干燥，同时用电风扇吹风。

❽ 从硅胶垫上取下，切成适宜大小，即可使用。此次切成直径约 9cm 的正方形。

摆盘示例

发现之旅

这是一道主菜，味道清淡但香气优雅的烤珠鸡胸肉，上面盖上由洋葱和苹果制成的“皮革”，并点缀松露酱。目的是把肉隐藏起来，营造视觉冲击效果，加强香味、甜味、酸味，最终提升菜品整体味道的层次感。除洋葱之外，还可替换成其他和苹果可搭配的蔬菜。

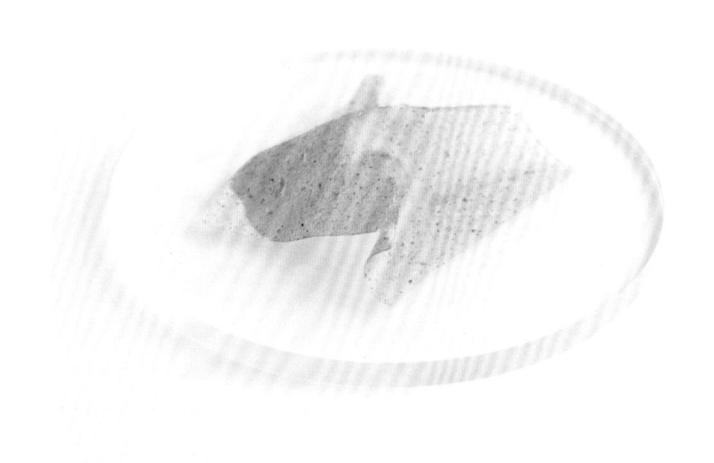

为了将香气密封在容器中，想到用此道装饰菜品“制作一个密封性强，而且食用美味的薄片”。最后用喷火枪烧至表面焦黄（左图为烧制前），用琼脂而非明胶凝固。

厨师 / 加藤顺一

配料（易于制作的分量）

洋姜　1.25kg | 水　300g
白葡萄酒　300g
向日葵油　125g | 盐　1g
细砂糖　150g
琼脂　占整体的 0.8%

洋姜片

"KIKUIMO" Sheets

颜　色：
淡黄色　半透明◯◯

口　感：
黏滑

保持形态：
是

难　度：
■■■■■

做法

❶ 将洗净的洋姜带皮擦成片。

❷ 将洋姜片放入锅中，加入水、白葡萄酒、葵花籽油、盐、细砂糖，中火加热。

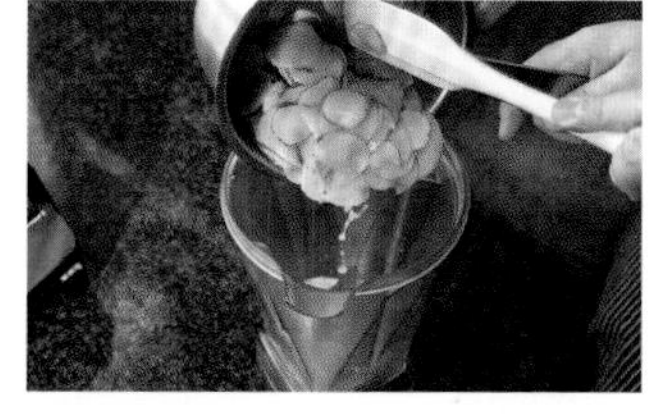

❸ 开锅后，转为小火，加盖，将洋姜煮至软烂。

❹ 放入搅拌机中搅拌成酱，再倒回锅中加热至沸腾。

❺ 少量多次加入琼脂。此时，保持短暂的开锅状态。

❻ 倒在硅胶垫上，常温冷却。当凝固后放入搅拌机中搅拌至顺滑。过筛，会更加顺滑。

❼ 再次倒在硅胶垫上，用刮板压成 1～2mm 的厚度。此次压成大约 20cm×40cm 的长方形。可以用硅胶垫的边缘当作塑形的边框来使用。

❽ 在室温下放置一夜，干燥，同时用电风扇等吹风。

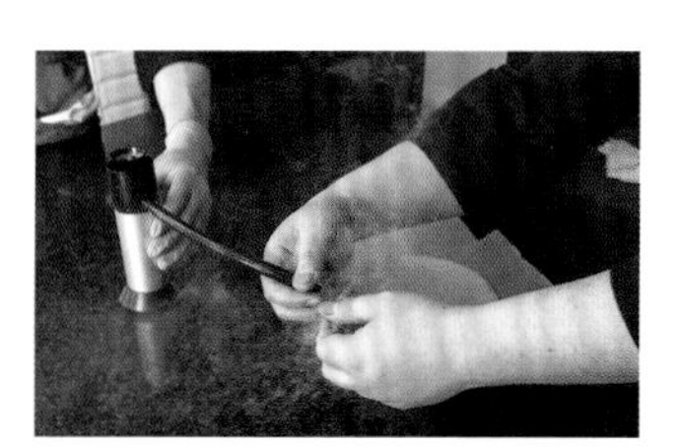

❾ 从硅胶垫上取下薄片，切成 20cm 的正方形。最常用的方法是用薄片盖住器皿，周围紧贴器皿。

❿ 上桌前用喷枪炙烤表面，散发出香味。

摆盘示例

香气

器皿中盛放白薯或萨芭雍，注入有烤白薯香气的熏制烟雾，盖上洋姜片，最后炙烤表面。在客人面前戳破洋姜片，客人可以享受从里面散发出的香气。因为制作薄片的食材成分没有硬性要求，所以除沙姜之外都可制作。

两种简单的配料，仅使用番茄罐头和辣味香肠制成的薄片。最终呈现哑光的质感，放在菜品上也不会和其他液体混合，而且完全保留住原本的辣味和酸味，在口感上可谓是点睛之笔。

厨师 / 桥本宏一

配料（易于制作的分量）

辣味香肠（市面销售） 250g
去皮整番茄（罐头） 1个

辣味香肠片

Chorizo Sheets

颜　色：
朱红色 

口　感：
顺滑

保持形态：
是

难　度：
■■□□□

做法

❶ 将去皮整番茄（罐头）的籽处理干净后放入锅中，辣味香肠切成适宜大小后一并放入，开火加热。

❷ 煮 30 分钟左右关火，倒入搅拌机中搅打至糊状。

❸ 无须过筛，在硅胶垫上擀成 1mm 厚的薄片。用电风扇吹风，干燥一晚。

❹ 切成适宜大小。此次切成了大约 5cm 的正方形，用激光切割机在上面刻印了琵琶鱼的图案。

摆盘示例

鱼戏

在鮟鱇鱼周围裹上土豆丝，烤得香脆可口。再搭配洋葱酱和熏制培根风味泡沫（见 P142），最后点缀一片辣味香肠片。专为搭配辣香肠和西红柿的酸辣口感量身定制。薄片上装饰着用激光切割机刻印的鮟鱇鱼图案。

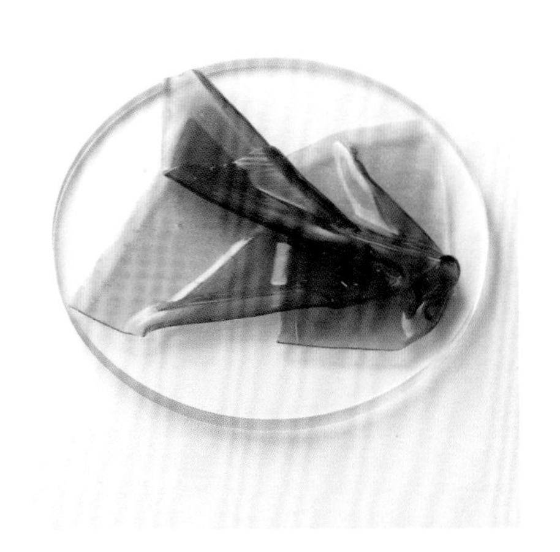

意式浓缩咖啡琼脂片

Agar Sheets with Espresso Flavor

只用意式浓缩咖啡和琼脂制作成的光泽薄片。甜品自不必说，在前菜和主菜中作为微苦的调味。意式浓缩的浓度、薄片的大小和味道都可随意调整。

厨师 / 高桥雄二郎

颜　色:	茶色　透明
口　感:	滑弹
保持形态:	是
难　度:	■■□□□

配料（制作大约 20 片）

意式浓缩咖啡　300g | 琼脂　36g

做法

❶ 用浓缩咖啡机冲泡意式浓缩咖啡。

❷ 放入锅中，加入琼脂混合搅拌。开火加热。

❸ 温度达到约 80℃时关火，倒在面板上，厚度为 1～2mm。常温放置，定型。

❹ 定形后切成合适的大小即可使用。此次切成了 10cm 见方的正方形。

摆盘示例

微苦诱惑

香气扑鼻、煎制金黄的鹅肝搭配橙子蜜饯，用意式浓缩琼脂片包裹而成。撒上大量的香料面包粉，辛辣的味道和琼脂片的苦味令人更加想品尝美味的鹅肝。可制作成温前菜，也可用于甜点。

粉末和奶酥 | Powder, Crumble

黑橄榄酥
Black Olive Crumble

脱水蔬菜粉
Vegetable Powder

烤焦大蒜粉
Black Garlic Powder

酸奶奶酥
Yogurt Crumble

绿色冰激凌粉
Green Ice Powder

西班牙冷汤冰激凌粉
Ice Powder with Gazpacho Flavor

发酵蘑菇粉
Fermented Powder

酸奶冰激凌粉
Yogurt Ice Powder

黑加仑粉
Cassis Powder

黑橄榄和法棍面包脱水，再和炸洋葱一起混合搅拌。此款装饰菜品的造型酷似泥土，搭配荤菜或海鲜可调节咸淡，无论是外观还是味道都很实用。

厨师 / 桥本宏一

配料（易于制作的分量）

洋葱　2个 | 干黑橄榄　300g
法棍面包　800g

黑橄榄酥

Black Olive Crumble

颜　色：

深棕色 

口　感：

粗糙

保持形态：

是

难　度：

做法

❶ 将洋葱切成薄片，用160℃的色拉油炸至酥脆。

❷ 干黑橄榄和法棍面包用65℃的食品干燥机脱水。

❸ 将步骤❶和步骤❷放入料理机中，研磨成细小的颗粒。

摆盘示例

冬季大地

黑橄榄酥看似冬季田野里的泥土，下面铺着一层欧防风，上面是用水煮黄油煎过的日本胡萝卜和日本白萝卜、小芜菁、芦笋等小小的蔬菜。最后撒上发酵黄油的粉末，打造出冬季雪景的氛围。用酱汁替代黑橄榄酥，也能突出口感特质。

用烹饪时剩下的南瓜边角料制作成的粉末。可以提升菜品的色、香、味。此次选用的是南瓜。只要是脱水后还能保留自身味道和颜色的食材都可使用，如胡萝卜或甜菜等。

厨师 / 田渊拓

配料（易于制作的分量）

南瓜　1个

脱水蔬菜粉

Vegetable Powder

颜　色：
金黄色 

口　感：
顺滑

保持形态：
是

难　度：

做法

❶ 南瓜不去皮，用铝箔整块包好。放入180℃预热好、通风的电烤箱中，加热1小时左右。

❷ 将步骤❶切成适宜大小。一部分放入菜品中使用，剩下的边角料放入70℃～90℃的烤箱中脱水一天。

❸ 将步骤❷放入搅拌机中，打成粉末。用网筛过筛即可。

摆盘示例

萌芽

器皿中盛着满满的南瓜糊，上面盖一块裹满开心果碎的白鸡肝。周围撒着烘干南瓜制成的粉末。此次的粉末是用南瓜制成。但是只要是味道重、颜色艳丽的食材，如胡萝卜或甜菜等，都可替代。这种烹饪方法也很实用，可以用食材边角料来制作菜品。

全黑的颗粒粉末是由独头大蒜炭化后研磨制成。北欧烹饪倾向追求烤焦的美味，常将食材烤焦制成调味料。此次的菜品模仿了北欧的烹饪方法。

厨师 / 加藤顺一

配料（易于制作的分量）

独头大蒜　1个

烤焦大蒜粉

Black Garlic Powder

颜　色：黑色●

口　感：顺滑

保持形态：是

难　度：■□□□□

做法

❶ 独头大蒜带皮放入200℃的烤箱中，烤制3小时至炭化。

❷ 烤制到蒜心发黑后，用刨丝器刨碎。通常使用独头大蒜而不是普通大蒜，是因为需要在烤制后刨成粉末。普通大蒜烤制后，蒜瓣会过小，难以刨碎。

摆盘示例

香煎鱼白

这道热前菜，在香煎鱼白上叠放油煎羽衣甘蓝或抱子甘蓝、西式洋葱泡菜，再搭配雪利醋酱汁。最后在上面撒满烤焦大蒜粉，提升菜品香味。

只用酸奶制成的奶酥。酸奶受热后产生焦糖反应，微微上色即可。它既有奶味、又有酸味和香味。有意为菜品或甜品增添一丝额外的味道时，这道盘饰会是不错的选择。

厨师 / 加藤顺一

配料（易于制作的分量）

原味酸奶（无糖） 适量

酸奶奶酥

Yogurt Crumble

颜　色：

土黄色 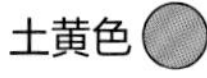

口　感：

顺滑　爽脆

保持形态：

是

难　度：

■□□□□

做法

❶ 将原味酸奶放入平底锅，中火加热。

❷ 开锅后立即转为小火。因容易焦煳，所以要不断用橡皮刮刀搅拌持续加热。

❸ 大约熬煮 4 小时后，酸奶中的水分蒸发。当水分和黏黏糊糊的结块分离后，更容易焦煳，一定要注意，加热时要不断搅拌，避免煳锅。

❹ 水分彻底蒸发后，待焦化到土黄色后关火。

摆盘示例

章红鱼酥挞

这是一道开胃菜，在春卷挞（参见 P028）里放上酸橙香味的章红鱼塔塔酱、腌制鱼子酱、再盛上满满的酸奶奶酥。乳酸发酵的美味与油煎的香气，赋予了一口品尝的手指餐味道上的层次感。也适合同牛肉菜肴或使用乳制品的甜品搭配。

用山葵的叶子和山葵泥制作的绿色冰激凌粉。也能加糖变甜。山葵特有的清新香气和辣味，使用方法同香草一样。只要是味道浓郁的香草类食材都可替代，如芝麻菜。

厨师 / 高桥雄二郎

配料（易于制作的部分分量）

山葵的叶子　600g
山葵（研磨成泥）　100g
转化糖*　60g | 蜂蜜　30g
原味酸奶（无糖）　30g
白奶酪　100g
生奶油（乳脂含量38%）　50g

* 转化糖
质地光滑的糖浆。也叫作“转化糖浆”。它的特点是易溶于水，不易再结晶。

绿色冰激凌粉
Green Ice Powder

颜　色：
黄绿色 

口　感：
顺滑

保持形态：
否

难　度：
■■□□□

做法

❶ 将山葵的叶子切成适宜大小，放入锅中水煮，捞出，放入冰水中保持鲜绿。

❷ 将沥去水分的步骤❶，还有剩下的配料全部放入打蛋料理盆中，用家用料理机搅拌成顺滑的糖浆，过筛。

❸ 在步骤❷中加入液氮，冷冻成冰激凌粉。

摆盘示例

山野

1~2 周熟化的鰤鱼切块后快速煎炸，搭配黑萝卜的腌泡汁，一道冷盘前菜即完成了。下面铺一层奶油奶酪和豆腐、蜜橘、还有用白芝麻和豆腐拌的香草，最后装饰上甜酒泡泡、小型香料植物、绿色冰激凌粉。冰激凌融化时，山葵的辛辣、清香立即散发出来，发挥出香料的作用。

用液氮和冰泥机将西班牙冷汤制作成冰激凌粉末。上桌前放入器皿中，升起的白色水蒸气烟雾，呈现出令人印象深刻的出场效果。因为味道浓郁，即便化开后也能做成酱汁调味。

厨师 / 田渊拓

配料（易于制作的分量）

洋葱　25g | 彩椒　40g
黄瓜　20g | 水果番茄　150g
E.V. 橄榄油　10g | 盐　2g
细砂糖　1g | 大蒜油　1g
白葡萄酒醋　1g

西班牙冷汤冰激凌粉

Ice Powder with Gazpacho Flavor

颜　色：淡茶色

口　感：顺滑

保持形态：否

难　度：■■□□□

做法

❶ 将洋葱切片，浸泡在水中去除辣味。

❷ 将彩椒和黄瓜切成适宜大小、去籽备用。

❸ 将步骤❶、❷放入打蛋料理盆，除白葡萄酒醋以外，放入其他配料，用家用料理机搅拌均匀。用锥形网纱漏斗过筛。

❹ 加入白葡萄酒醋搅匀，放入专用容器中冷冻。

❺ 放入冰泥机。取出后注入液氮，放入料理机中，打成粉末。

摆盘示例

云雾

天使细面配龙虾汤冻、白虾、海胆和用水果番茄和黄瓜制成的西班牙冷汤，在宴席上呈现香气浓郁的冰激凌粉。从凉飕飕的粉末中飘起白色烟雾，融化成酱汁后味道更加浓郁，食客可以享受变化带来的乐趣。

蘑菇发酵后制成的深棕色粉末。因发酵而产生独特的香气、风味和咸味，少量放入菜品中，即可产生多重味蕾体验。推荐用于汤汁或调味料中。

厨师 / 高桥雄二郎

配料（易于制作的分量）

蘑菇　100g | 盐　2g

发酵蘑菇粉

Fermented Powder

颜　　色：

深棕色 

口　　感：

顺滑　沙沙

保持形态：

是

难　　度：

做法

❶ 在蘑菇中撒上盐，占总量的2%。在常温、真空状态下放置1~2周。

❷ 当蘑菇发酵后，用过滤网筛沥干液体。将剩下的蘑菇放在烤盘中，放入66℃的电烤箱中，干燥一晚。

❸ 将步骤❷的蘑菇放入搅拌机中，打成粉末。

摆盘示例

泥土的层次

用雪利酒醋调味的芝麻菜，卷上在酱油酒糟中腌制半天的甘鲷鱼肉，再撒上荏胡麻粉末、味噌粉，还有发酵蘑菇粉末。以“发酵”为共同点，叠加多彩风味。发酵蘑菇粉末，可当作调味料提升菜品的香味、咸味和层次感。

颜 色:	白色○
口 感:	顺滑
保持形态:	否
难 度:	■■□□□

酸奶冰激凌粉

Yogurt Ice Powder

配料极其简单，只有酸奶、细砂糖、牛奶。但是用液氮和冰泥机即可做成冰激凌粉。除酸奶外，可使用各种水果，但是推荐选择融化后口感好、味道浓郁的食材。

厨师 / 田渊拓

配料（易于制作的分量）

原味酸奶（无糖） 250g | 细砂糖 25g | 牛奶 50g

做法

❶ 将配料全部放入料理盆中，充分混合均匀。

❷ 将步骤❶放入冰泥机专用容器中冷冻。

❸ 用冰泥机搅打步骤❷。

❹ 将步骤❸放入食品处理器中，一边少量加入液氮，一边搅拌，直至成冰激凌粉状。

摆盘示例参见 P019

颜 色:	胭脂色●
口 感:	顺滑
保持形态:	是
难 度:	■□□□□

黑加仑粉

Cassis Powder

此款粉末的做法极其简单，仅用晒干的黑加仑研磨即可制成。黑加仑晒干后还留有浓郁的酸味，因此在菜肴和甜点中可以起到酸味点缀的作用。如 55 页介绍的示例，适合搭配肉类和其他含油脂成分的配料。

厨师 / 加藤顺一

配料（易于制作的分量）

黑加仑 200g

做法

❶ 将黑加仑放入食品干燥机中，放置 3 天，彻底脱去水分。

❷ 放入研磨机中研磨成细腻粉末。

摆盘示例见 P055

立体和球体 | Solid, Sphere

洋梨泥球
Pear Extract Puree Sphere

石头造型土豆
Stone-shaped Potatoes

竹炭蛋白霜
Bamboo Charcoal Meringue

黑芝麻西班牙油条
Black Sesame Churros

巧克力器皿
Chocolate Orbs

螺旋圆锥
Spiral Cornets

玉米半冻蛋糕
Corn "Semifreddo" Ice

松饼球
"Aebleskiver"

"雪茄"
"Cigare"

欧芹冻
Parsley Jelly

半球造型蛋白霜
Hemisphere-shaped Meringue

干蛋白霜
Dried Egg White Meringue

"萤火虫"
"Firefly"

水晶球
Snow Globe

拉糖
"AMEZAIKU" Candy

"纸鹤"
"ORIGAMI" Paper Cranes

大吉岭慕斯
Darjeeling Tea Mousse

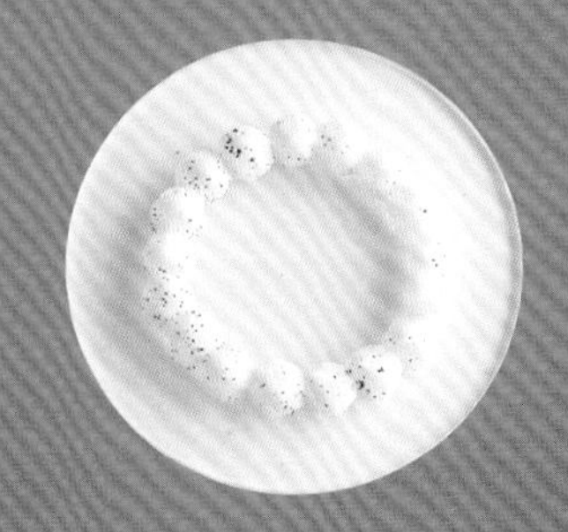

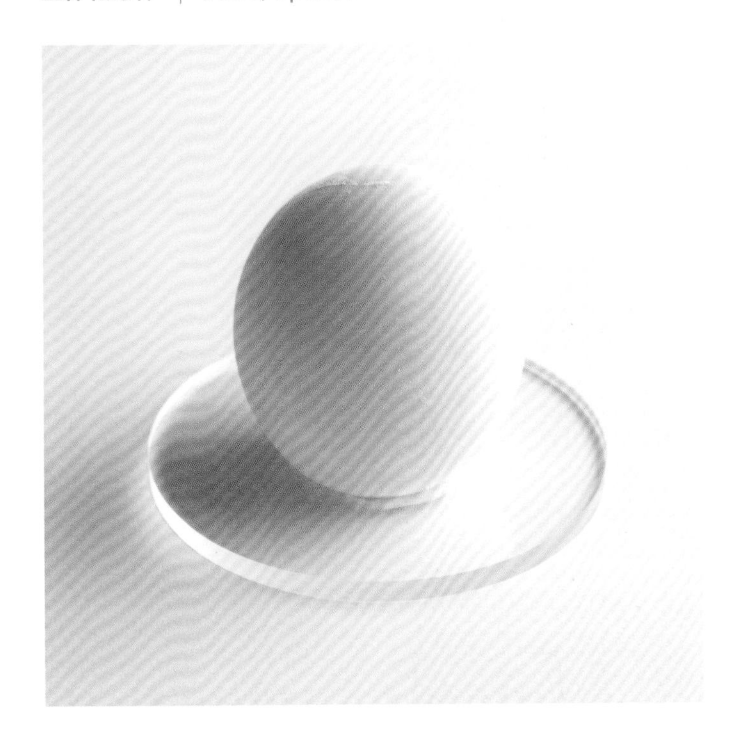

这款洋梨泥用注射器和水气球做出球形后，再冷却定形。泥的原料没有要求，可选用任何食材。此次融化了其中一部分来使用。如果把球形切成一半，也能当作器皿使用。

厨师 / 田渊拓

配料（制作大约3个）

洋梨泥* 100g | 柠檬果汁 5g
细砂糖 10g | 海藻糖 10g
水 10g

* 洋梨泥
洋梨去皮去籽后，用搅拌机搅打成泥。

洋梨泥球

Pear Extract Puree Sphere

颜　色：
白色◯

口　感：
滑溜

保持形态：
否

难　度：

做法

❶ 将所有配料放入搅拌机中混合、搅拌。

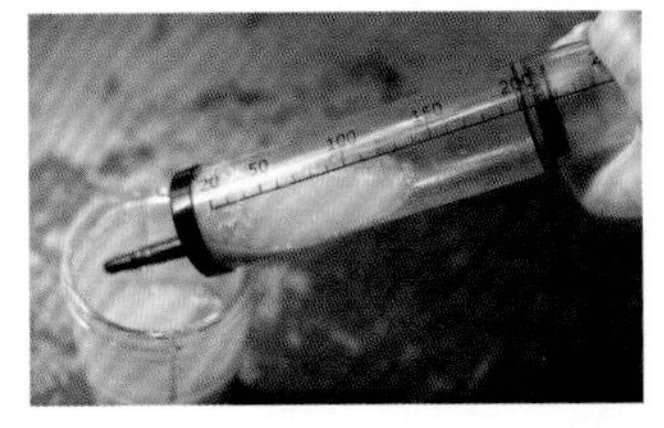

❷ 注射器中装入40g的步骤❶，吸入220ml的空气。

❸ 将步骤❷装入水气球，打结，封口。

❹ 容器中加入液氮，把步骤❸放入容器中来回滚动，冷冻气球中的液体。

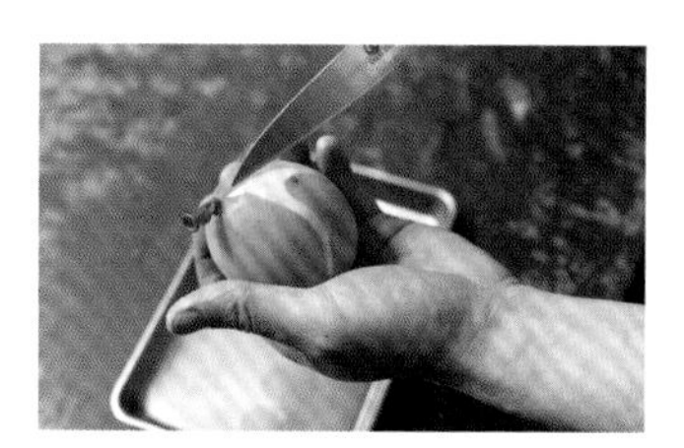

❺ 从液氮中取出步骤❹，用刀在气球上划一个口子，剥去水气球。

❻ 取出的球体可直接使用。如果想在球体中装入其他食材，可用预热好的平底锅融化球体一部分后再使用。

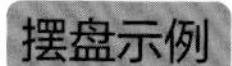

孵化

切开冷却定形的洋梨泥球后，从中溢出雪蟹碎肉和螃蟹味噌酱汁，真是一道惊喜满满的前菜。此次加热球体的一部分，融化出一个洞，填上食材。不仅是洋梨，也可以使用其他水果。

这款装饰看上去像河边捡起的一块石头，其实是将煮熟的土豆裹上竹炭后再干燥，重复多次最终完成。可以直接食用，“印加的觉醒”*的味道足以独当一面。

* 印加的觉醒
土豆品种之一。日本北海道是其主要产地。

厨师 / 桥本宏一

配料（制作 16 个）

土豆预处理

土豆（印加的觉醒） 16 个
盐 适量

装饰

高筋面粉 190g | 水 300g
盐 4g | 竹炭粉 适量

石头造型土豆

Stone-shaped Potatoes

颜　色：
灰色

口　感：
顺滑　松软

保持形态：
是

难　度：
■■■□□

做法

土豆预处理

土豆洗净，放入加盐的热水中（分量外），煮至用竹签能够扎透即可。

装饰

❶ 将高筋面粉、水、盐、竹炭粉放入搅拌机中搅拌，充分混合均匀。

❷ 用竹签没有尖头的一端插入土豆。有尖头的一端插入泡沫塑料，让土豆全部裹满步骤❶的面糊，然后放入 65°的食品烘干机中烘干。裹上面糊干燥，需要 1～2 小时，重复三四次。

❸ 取下竹签即可使用。

摆盘示例

枯山水

酷似石头的土豆和真石头一同放入箱中，为打造出枯山水景观的意境，在底层铺满食盐。打破假石头，发现里面是热乎松软的黄色土豆泥。示例的盒子里每种各放一个。如果在众多的石头中，土豆以假乱真混入其中，食客必然大饱眼福。

这款灰色的意式蛋白霜让人联想到岩石或石头，可直接使用，也可敲碎、打破使用。意式蛋白霜最关键的是温度管理，哪怕只是1℃的偏差，质感也会截然不同。因此，温度计必不可少。

厨师 / 加藤顺一

配料（易于制作的分量）

细砂糖　290g ｜ 水　130g
苹果醋　25g ｜ 蛋白　200g
竹炭粉　5g

竹炭蛋白霜

Bamboo Charcoal Meringue

颜　色：
灰色 

口　感：
爽脆

保持形态：
是

难　度：
■■□□□

做法

❶ 将细砂糖和水、苹果醋放入锅中，开火加热。全部溶解后，加热到120℃。

❷ 将蛋白放入打蛋料理盆中，低速打发。搅打均匀后提升至中速。

❸ 蛋白发泡后再次低速打发，少量多次加入120℃的步骤❶。加入时要不断搅拌。全部加入后提升至中速打发，出现尖角后，继续打发至温度降为常温。

❹ 当出现完全直立尖角，打发成意式蛋白霜，转为低速并加入竹炭粉。因为蛋白霜中混入异物会塌陷，所以必须在出现完全直立的尖角后，再放入想添加的其他配料。

❺ 倒入口径约 1cm 的裱花袋中，在油纸上挤出自己喜欢的形状。此次挤出的半球形直径约 4cm、高度约 4cm。

❻ 放入 90℃预热好的烤箱中烤制 4 小时至一整晚，烤至里面熟透。烤制完成后从油纸上取下即可。提前制作备用时，可加入干燥剂，放入密闭容器中保存。

摆盘示例

火山玫瑰

此道甜品的主题是玫瑰花，来自阿苏山山脚下玫瑰园。那里的玫瑰花是在富含火山灰的土壤中培育而成，因此在竹炭慕斯的表面加上玫瑰冰激凌的涂层，或用竹炭蛋白霜仿造岩石或石头的造型，意在唤起食客对当地画面的想象。玫瑰泡菜和马斯卡普奶酪的组合为此道菜品增添了多姿多彩的感受。

用黑芝麻糊制作的黑色西班牙油条。也可用红薯或毛豆来替换黑芝麻糊，变化无穷。依据造型可更换裱花嘴的大小或挤出的长度，调整油条的量。

厨师 / 高桥雄二郎

配料（制作大约 40 个）

牛奶　30g | 水　70g
盐　1g | 黄油（无盐） 50g
细砂糖　3g | 低筋面粉　60g
全蛋　2 个
黑芝麻糊（市面销售） 70g

黑芝麻西班牙油条

Black Sesame Churros

颜　　色：黑色 ●

口　　感：爽脆

保持形态：是

难　　度：■■■□□

做法

❶ 在锅中放入牛奶、水、盐、细砂糖，混合后加热至沸腾。充分溶解后加入低筋面粉搅拌，全部搅拌至黏稠。

❷ 将步骤❶放入搅拌机中，少量多次加入打好的全蛋搅拌。充分搅拌均匀后，加入黑芝麻糊搅拌均匀。

❸ 将步骤❷装入裱花袋，选择的裱花嘴直径约 1.5cm。在加热到 170℃的色拉油（分量外）中，挤出长度约 7cm 的面糊，炸至酥脆。

摆盘示例

生命

盛有苹果橘子果肉酱紫薯圆锥筒（参见 P178）、黑芝麻西班牙油条，盛放在铺满黑芝麻的器皿里。此次制作成手掌大小的手指餐，按西餐顺序上餐。大小和酱都可变化，也能用于甜品的制作。

巧克力器皿酷似包裹可可豆种子的外壳“可可果”。可直接食用。如果刻意融化做成热可可，享受融化后的味道，也别有一番乐趣。根据巧克力的涂抹方式，能够制作各种造型。

厨师 / 高桥雄二郎

配料（易于制作的分量）

亚马孙可可豆巧克力

可可豆酱* 150g | 可可油 25g | 糖粉 20g

海绵巧克力粉

蛋黄 63g | 蛋白 148g | 杏仁粉 63g

糖粉 30g | 细砂糖 73g | 低筋面粉 53g

可可粉 20g | 黄油（无盐） 25g | 竹炭粉 适量

造型

亚马孙可可豆巧克力 适量 | 海绵巧克力粉 适量

* 可可豆酱

用亚马孙可可豆制成。

巧克力器皿

Chocolate Orbs

颜 色：

深棕色 

口 感：

薄脆

保持形态：

否

难 度：

■■■■■

做法

亚马孙可可豆巧克力

将所有的配料放入打蛋料理盆中隔水加热，用打蛋器搅拌。用网纱漏斗过滤后，放在阴凉处，静置整晚。

海绵巧克力粉

❶ 将蛋黄和 28g 的蛋白放入搅拌碗中，杏仁粉和糖粉混合后筛入。用高速搅拌机搅拌至发白。

❷ 将步骤❶放入另一个搅拌碗中，加入剩余的 120g 蛋白，分多次加入细砂糖打发。打发至八分直立的蛋白霜。

❸ 在步骤❷中加入 1/3 的步骤❷混合搅拌。再放入剩下的部分，快速搅拌。

❹ 过筛的低筋面粉和可可粉放入步骤❸中，然后继续快速搅拌。

❺ 将黄油融化，温度保持在 50℃左右。加入步骤❹的一部分并乳化，然后再倒回步骤❹的搅拌碗中，混合搅拌。

❻ 混合好的步骤❺的面糊倒入铺好吸油纸的烤盘里，平整表面。放入 170℃预热好的烤箱中，烤制 18 分钟。

❼ 将步骤❻冷却，从吸油纸上取下，切成一口大小。再适量摆放在铺好吸油纸的烤盘里，放入 90℃预热好的烤箱里，干燥 1 小时。

❽ 用搅拌机搅拌步骤❼至粉末状，放入竹炭粉上色。

造型

❶ 亚马孙可可豆巧克力回火后，温度调节到 28℃。

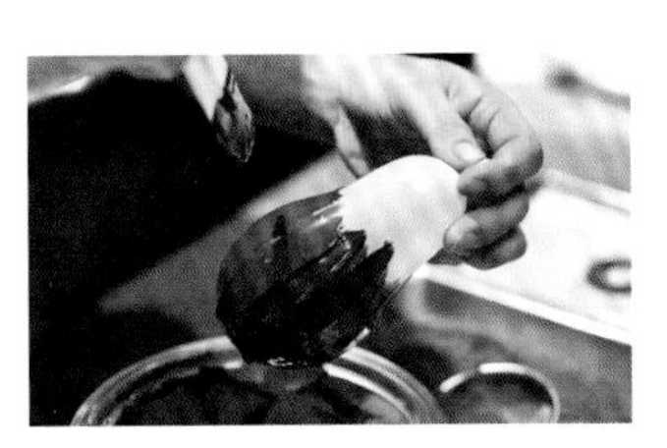

❷ 吹鼓水气球，用刷子在水气球外周涂满步骤❶。

❸ 海绵巧克力粉过筛后撒在上面。

❹ 放入冰箱里冷却凝固。凝固后割破气球取出即可。

摆盘示例

浓情巧克力

巧克力器皿中盛放着香蕉冰激凌，还有混合着香蕉慕斯和亚马孙水果果子冻的亚马孙可可豆慕斯，用一层巧克力奶酥打底。洒下加了皮斯科酒的热巧克力和用可可果煮沸后制成的酱汁，现场融化巧克力器皿，仪式感加倍。

此款盘饰参考了意大利传统点心“贝壳酥”，薄薄的面团层层叠叠，加入欧芝挞奶酪、卡仕达酱等烘烤而成。如果烤制成小小的圆锥形，也可作为手指餐。

厨师 / 田渊拓

配料（制作大约 35 个）

高筋面粉 70g | 低筋面粉 30g
水 40g | 盐 1g
猪油 适量

螺旋圆锥

Spiral Cornets

颜 色：
土黄色

口 感：
薄脆

保持形态：
是

难 度：
■■■□□

做法

❶ 除猪油以外的配料全部放入打蛋料理盆中，用手混合均匀，揉成一个面团。放在冰箱里醒发 1 小时以上。

❷ 用压面机压平。压成长度 1~1.5m、厚度 1mm 的面片。

❸ 将猪油融化，用刷子涂抹在步骤❷的表面。将面皮一端提起，向另一端卷过去，卷成圆筒状。

❹ 把卷成圆筒状的步骤❸切成 3mm 左右的小块。

❺ 用步骤❹卷在三角锥硅胶模具（用于巧克力模具）上，每层错开 1mm，卷起来。卷成和三角锥硅胶模具一样的造型。

❻ 放入 160℃预热好、通风的烤箱中烤制 20 分钟。脱模后即可使用。

摆盘示例

盆栽

“贝壳酥”里塞满鳕鱼干，上面点缀鱼子酱。贝壳酥是意大利南部的一款传统点心，由多层薄薄的面皮叠加烤制而成。原本应该里面加卡仕达酱后再烘烤，但是此次仅将面片烤制成圆锥形。里面也可加奶油，也可加塔塔酱等配料，实用性高。

乍看好像是普通的玉米，但其实是用类似玉米的硅胶模具冷冻定形而成的半冻蛋糕（半冻的冰激凌）。造型和入口时的反差体验令人惊喜。

厨师 / 田渊拓

配料（制作约 20 个）

玉米泥

玉米　15 根 | 洋葱　2 个
盐　适量 | 细砂糖　适量
牛奶　1kg | 鸡汤*　650g

装饰

玉米泥　1120g | 牛奶　190g
生奶油（乳脂含量 38%）　190g
盐　2.5g | 细砂糖　21g

* 鸡汤
洗净的鸡肉和香味浓郁的蔬菜炖煮 8 小时以上后，过滤备用。

玉米半冻蛋糕

Corn "Semifreddo" Ice

颜　色：
黄色 ○

口　感：
多汁

保持形态：
否

难　度：

做法

玉米泥

❶ 用刀从玉米芯上把玉米粒剥下来。

❷ 洋葱切片，在锅中用橄榄油（分量外），炒至透明。

❸ 在步骤❷的锅里放入玉米粒、盐、细砂糖。

❹ 盐和糖融化后，加入牛奶和鸡汤，稍微煮沸。全部充分融合，稍微煮沸后，用搅拌机搅拌成泥。用细网过筛，更加丝滑。

装饰

❶ 1120g 的玉米泥、装饰用的配料全部放入打蛋料理盆中，用打蛋器搅拌均匀。

❷ 全部混合充分后，适量放入裱花枪虹吸瓶中，充满气。

❸ 将步骤❷吸入玉米硅胶模具中，放入冰箱冷冻凝固。

❹ 固定后脱模，即可使用。

摆盘示例

夏日甜玉米

乍看是切段的玉米。但是实际吃到时，才发现竟是半冻的冰激凌。下面点缀着布拉塔奶酪、小罗勒和当季的小叶菜，是一道适合夏季的清爽冷前菜。除了使用玉米造型的模具，市面上还有许多模拟食材形状的硅胶模具，能够改变食材制作各种造型。

丹麦的传统点心“松饼球”。当地一般在里面塞满覆盆子果酱食用。改变馅料的食材，其味道的表现力可被无限放大。当地有专用的长柄平底锅，也可用章鱼烧的锅替代。

厨师 / 加藤顺一

配料（易于制作的分量）

高筋面粉 156g | 细砂糖 30g
盐 1.5g
生奶油（乳脂含量 30%） 78g
蛋黄 120g | 蛋白 210g
黄油（无盐） 78g

松饼球

"Aebleskiver"

颜 色：
金黄色 

口 感：
松软

保持形态：
是

难 度：

做法

❶ 将高筋面粉、细砂糖、盐放入打蛋料理盆中混合均匀。在另一个打蛋料理盆中放入生奶油和蛋黄，混合均匀。把两个盆中的材料一点点混合，充分搅拌均匀至无颗粒。

❷ 在步骤❶中加入融化的黄油，再次搅拌均匀。

❸ 蛋白放入打蛋料理盆中，用搅拌机打发至出现尖角即可。

❹ 将 1/3 的打发蛋白放入步骤❷的料理盆中混合搅拌，全部搅拌均匀后，再加入剩余的 2/3，快速搅拌，注意不要消泡。

❺ 将面糊放进裱花袋中，剪掉裱花袋尖端。在章鱼烧锅中刷上融化黄油（分量外），挤出适量的面糊。

❻ 按制作章鱼烧的窍门，煎制时用竹签来回翻面。

❼ 不要彻底烤熟，保持半生的状态，并留出开口，可以装入个人喜好的食材或果酱等。

摆盘示例

节日松饼球

在丹麦的圣诞节等节日时食用的传统点心“松饼球”，用章鱼烧锅烤制而成。此次在里面装满了刺玫瑰果酱，最后撒上干燥玫瑰果制得的粉末和糖粉做装饰。面团的甜味搭配里面的覆盆子或柠檬果酱，适合酸酸甜甜的搭配。

加入黑糖制作的猫舌饼干面团，烤制成蛋卷形状。里面可装入奶油和果酱的任意搭配，呈现多种变化。它既可以成为甜品的一部分，也可单独当作小点心来使用。

厨师 / 高桥雄二郎

配料（制作大约 30 根）

黄油（无盐） 66g
黑糖 231g
蛋白 66g | 低筋面粉 39g

"雪茄"

"Cigare"

颜　色：
茶色

口　感：
薄脆

保持形态：
是

难　度：
■■■□□

做法

❶ 黄油搅拌成奶油状，加入黑糖混合均匀。放入温度为室温的蛋白，筛入低筋面粉，充分搅拌均匀。放入冰箱，醒发整晚。

❷ 在铺好硅胶垫的烤盘中放一个 8cm × 8.5cm 的长方形模具，用抹刀模切步骤❶的面团。

❸ 放入 170℃预热好的烤箱中，烤制 10 分钟。趁热将面团连硅胶垫从烤盘中取出，放凉。放凉后从硅胶垫上取下面团。

❹ 面团再次放回硅胶垫上，在烤箱中微微加热。当面团变软时立刻取出，用直径 1cm 的小棒卷成圆筒状定形。待冷却固定后取下小棒即可。

摆盘示例

冬日大地

在雪茄饼干中装入切成条的咸奶油和金橘果酱，表面撒上艳山姜粉。可单独作为一道菜品。此次做成了一道三碟甜品，其中还有用肉桂制成的巧克力挞，桶柑和金橘制成的舒芙蕾。

在食材的外面包裹一层果冻薄膜。此次用欧芹酱来做包裹薄膜，但是只要是纤维少的蔬菜都可使用。

厨师 / 加藤顺一

配料（易于制作的分量）

欧芹　500g
卡帕型卡拉胶（65℃以下可凝固）占整体配料总量的 1%

欧芹冻

Parsley Jelly

颜　　色：
绿色

口　　感：
滑嫩

保持形态：
否

难　　度：
■■■■□

做法

❶ 在锅中放入水（分量外）煮沸，沸腾后放入切成适宜大小的欧芹叶，煮制 5 分钟左右。

❷ 将步骤❶的欧芹沥水，然后放入冰水中迅速降温。

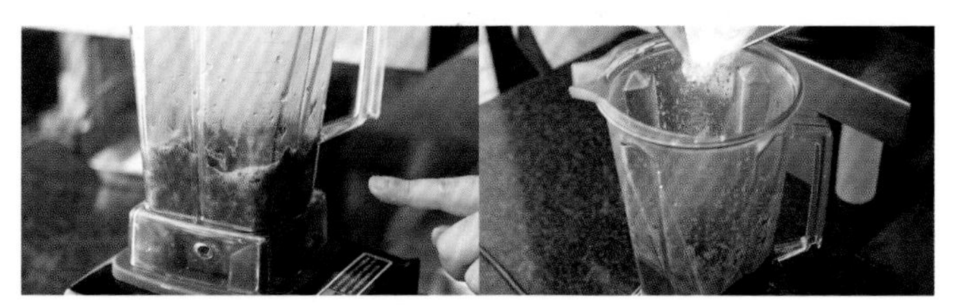

❸ 倒入搅拌机中，倒入少量的水（分量外）用于搅打。搅打 5 分钟，直至完全顺滑。搅打过程中，少量多次加入卡帕型卡拉胶，继续搅打。

❹ 当搅拌顺滑后，从搅拌机倒入锥形网纱漏斗过筛。放入冰箱等气泡消失，呈现更加细腻的状态。第二天移入锅中温热。注意不要超过 65℃。

❺ 可直接作为欧芹泥使用。此次将虾塔塔酱搓成球，冷冻后扎在竹签上，在外表包上一层欧芹泥，再放入冰箱冷冻定形。

摆盘示例

池塘

将虾塔塔酱搓成球定形后，表面覆上一层欧芹果冻。淋上山葵酱，一道清爽可口的前菜便制作完成。如果想换用其他食材，只要是冷冻和解冻后品质均无变化的食材都可替换，如鲣鱼、鳟鱼、金枪鱼等。同样，制作果冻的材料，除了欧芹之外，其他纤维较少的蔬菜都可替代。

此款蛋白霜的造型如同穹顶。做法同上文介绍过的蛋白霜脆片基本一致。不过，在干燥时不同的造型能够改变外观印象和用途。

厨师 / 桥本宏一

配料（制作大约 130 个）

蛋白　150g
干蛋白（见 P042）　10g
细砂糖　150g | 水　38g
色拉油　少量

半球造型蛋白霜

Hemisphere-shaped Meringue

颜　色：
白色◯

口　感：
松脆

保持形态：
是

难　度：
■■■□□

做法

❶ 将蛋白和干蛋白放入料理料理盆中，用电动打蛋器打发至完全发泡。

❷ 将细砂糖和水放入锅中加热。待细砂糖充分溶解后，加热到 118℃关火。倒入步骤❶的料理盆中，继续打发，直至出现直立的尖角。装入裱花袋。

❸ 将半球形的硅胶模具倒扣过来，在外侧刷上一层色拉油。一个接一个地挤出直径约 1cm 的球形蛋白霜，让它们相互粘在一起，布满整个半球。

❹ 放入 65℃的食品干燥机中，干燥约 1 个半小时。

❺ 当表面干燥后，将硅胶模具脱模，然后再放入食品干燥机后即可使用。

摆盘示例

穹顶

用虹吸瓶挤出的柠檬慕斯中融合了有杜松子酒香气的果子冻，再盖上半球造型蛋白霜，最后撒上一层抹茶粉做点缀。一口咬下蛋白霜的同时，用独特的口感勾起食欲。半球造型可像此次一样盖在任何食材上使用，也可翻过来当作器皿使用。

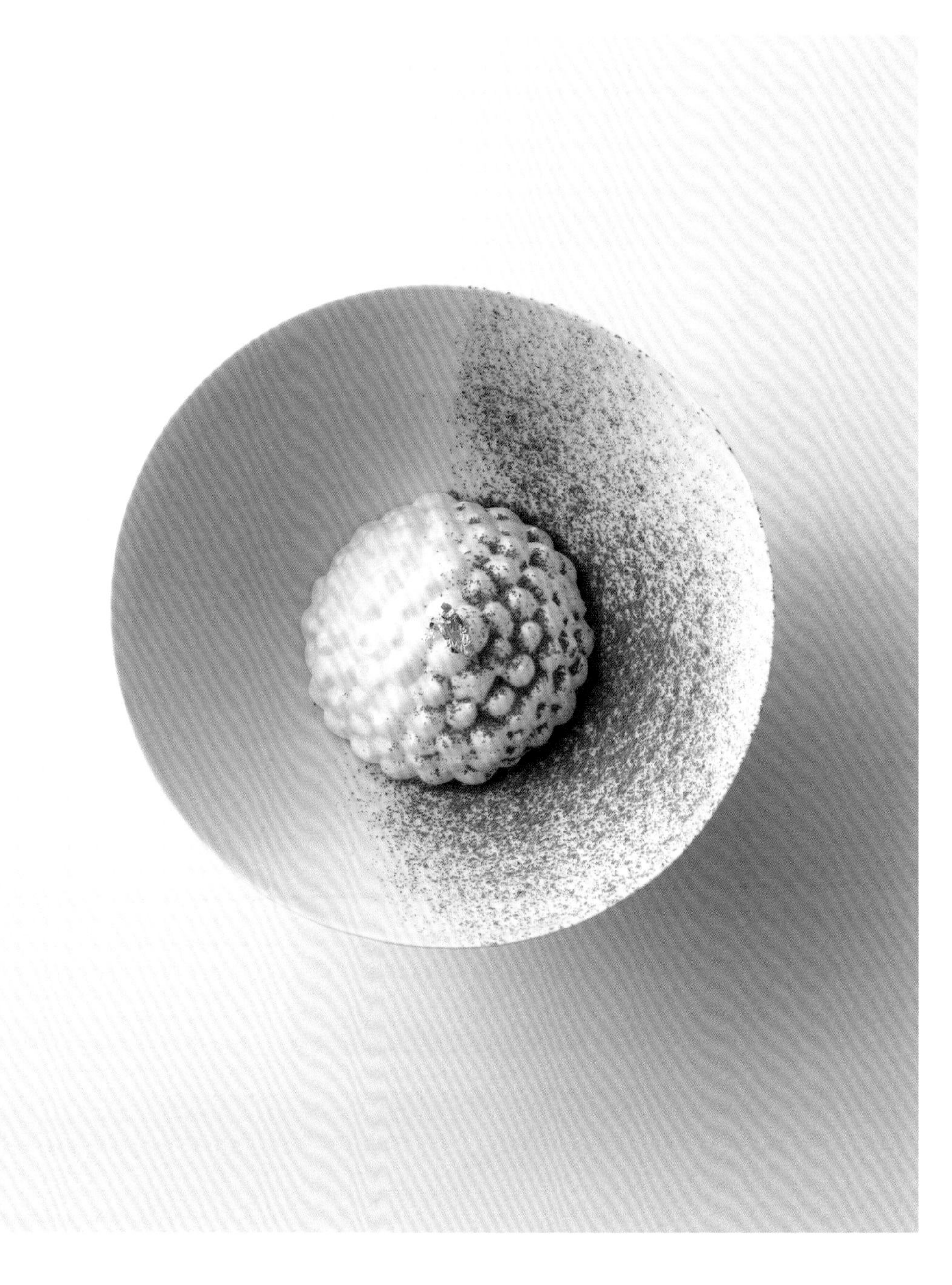

使用粉末干蛋白制作的蛋白霜，无须加热，方便操作。此次用青豌豆榨汁，起泡后就有空气，味道会略微变淡。混合均匀，适合味道较重的食材。

厨师 / 加藤顺一

配料（易于制作的分量）

青豌豆（豆子） 200g
水 100g | 糖浆* 50g
黄原胶 1g
干蛋白 35g

* 糖浆
水和砂糖按 1：1 的比例混合加热，煮化。

干蛋白霜
Dried Egg White Meringue

颜 色：
浅绿色 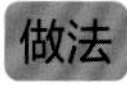

口 感：
松脆

保持形态：
是

难 度：
■■■□□

做法

❶ 剥出 200g 豌豆，加水，放入搅拌机中混合，搅打至顺滑。倒入铺好厨房纸的网筛中，慢慢过滤半天。

❷ 取过滤好的青豌豆汁，放入打蛋料理盆中，加入糖浆和黄原胶，用搅拌机搅拌。

❸ 全部充分搅打均匀后，如果有黏性，就加入干蛋白，打发至出现挺立的尖角。

❹ 装入带有直径 5mm 裱花嘴的裱花袋内。在油纸上挤出自己喜欢的形状。此次造型是一个圆环，由直径约 8mm 的圆球连成一串而成。

❺ 放入食品干燥机中干燥。普通蛋白霜放入 90℃预热好的烤箱中，烤制定型即可。此次使用的干蛋白对温度没有特别要求，干燥后从油纸上取下即可。

摆盘示例

花冠

煮熟的豌豆和豌豆酱盛入器皿中，里面放入满满的香料植物，在边缘点缀宛如花冠的干蛋白霜。把蛋白霜捣碎，或者浸泡在下面的酱汁中都可以。此次用青豌豆榨汁来制作蛋白霜。也可以选用甜菜等味道或色彩浓重的食材制作。

薄膜包裹的弹牙小球是由“球化技术”的分子料理技术制作而成。球化技术是用海藻酸钠和钙反应形成一层薄膜，将溶液包裹起来。

厨师 / 桥本宏一

配料（制作 50 人份）

钙水
氯化钙　12g | 水　1500ml

黄色球
水　100ml | 接骨木花糖浆　15g
色素（黄）　少量
卡帕型卡拉胶（见 P116）　6g
色拉油　适量

球溶液
水　900ml | 蝶豆花*　3g
接骨木花糖浆　270g
海藻酸钠　6g

糖浆
水　900ml | 接骨木花糖浆　270g

* 蝶豆花
经常作为花草茶原料，自带蓝色色素。

“萤火虫”
“Firefly”

颜　色：
紫色　透明 ●○

口　感：
滑弹

保持形态：
是

难　度：
■■■■■

做法

钙水

将配料放入较大容器中混合。

黄色球

❶ 将色拉油以外的配料都放入锅中加热，全部充分混合至溶化。

❷ 将步骤❶灌入注射器中（滴管也可以），然后一滴一滴地滴入已经在冰箱里放凉的色拉油中，形成小球。如果跳过此步骤，可制作 P150 的“琼脂果子冻颗粒”。

❸ 用网筛过滤备用。

球溶液

❶ 在锅中加水，加热。放入蝶豆花后加盖，煮 10 分后变紫。

❷ 过筛后倒入接骨木花糖浆搅拌。

❸ 900ml 的步骤❷中加入 6g 海藻酸钠，充分混合溶解。过滤备用。

糖浆

将配料放入锅中加热，充分混合均匀。移入大容器中。

装饰

❶ 在 15ml 的量勺中放入球溶液和 4 个黄色球。

❷ 将步骤❶放入钙水中球化。

❸ 当球面被薄膜包裹时，用小漏勺盛出，放入水（分量外）中，清洗表面。

❹ 加入糖浆，移入器皿中。浸泡在糖浆中保存更加入味。食用前从糖浆中取出即可。

摆盘示例

萤火虫

黄色小球漂浮在蝶豆调制的花草茶溶液中，外面包裹一层薄膜，宛如空中起舞的萤火虫。可改变球膜中溶液，应用非常广泛。

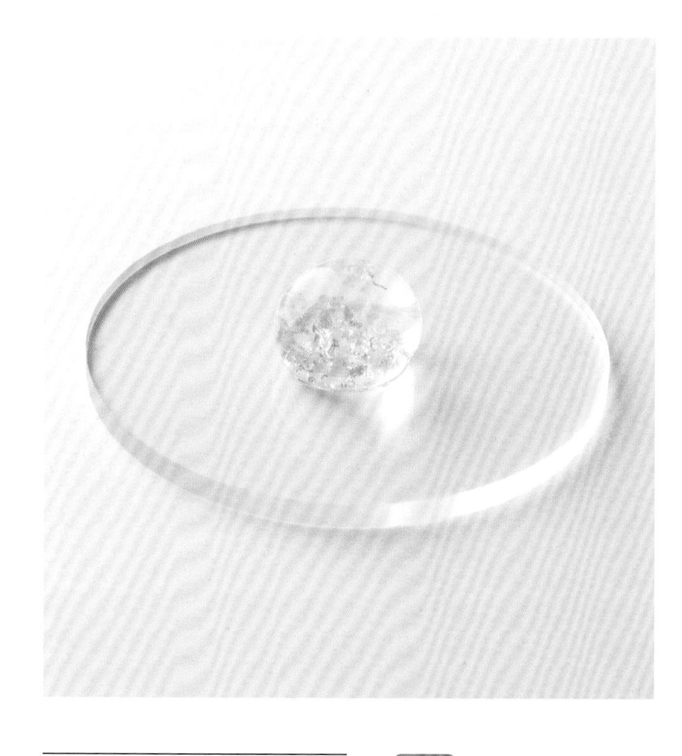

用薄膜包裹液体，进行球化的技术看似与萤火虫（见 P122）的做法十分相似。但是这种技术叫“反向球化”，即将钙水放入海藻酸钠溶液，产生反应。

厨师 / 桥本宏一

配料（制作 45 人份）

塑形巧克力花

塑形巧克力（市售） 10g

玉米淀粉 少量

球溶液

水 900ml | 乳酸钙 16g

接骨木花糖浆（市面销售） 300ml

银箔 2 张

海藻酸溶液

海藻酸 10g | 水 2L

糖浆

接骨木花糖浆 150ml | 水 450ml

水晶球

Snow Globe

颜 色：

透明◯

口 感：

滑弹

保持形态：

是

难 度：

■■■■■

做法

塑形巧克力花

在塑形巧克力的表面撒上玉米淀粉，用压面机压成 2mm 厚的薄片，然后用花朵模具刻出形状。

球溶液

❶ 在锅中加入水、乳酸钙和接骨木花糖浆，用打蛋器充分搅拌。因为难溶解，煮沸后要不断搅拌。

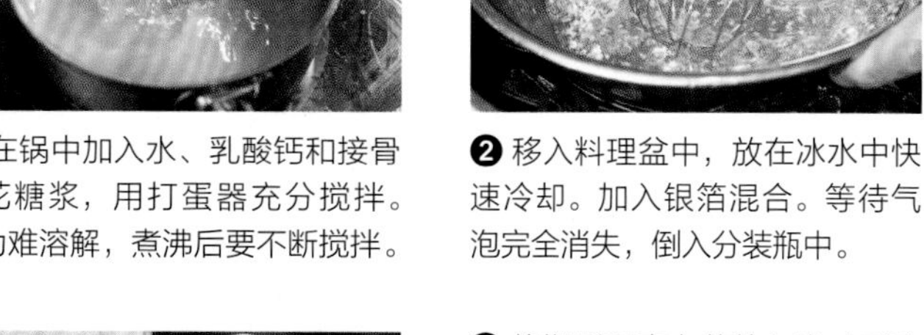

❷ 移入料理盆中，放在冰水中快速冷却。加入银箔混合。等待气泡完全消失，倒入分装瓶中。

❸ 将塑形巧克力花放入半球形硅胶模具中。倒入步骤❷制作的液体。放入冰箱冷冻。

海藻酸溶液

❶ 海藻酸和水混合，放入搅拌器中搅拌至溶解。放入锅中煮沸。

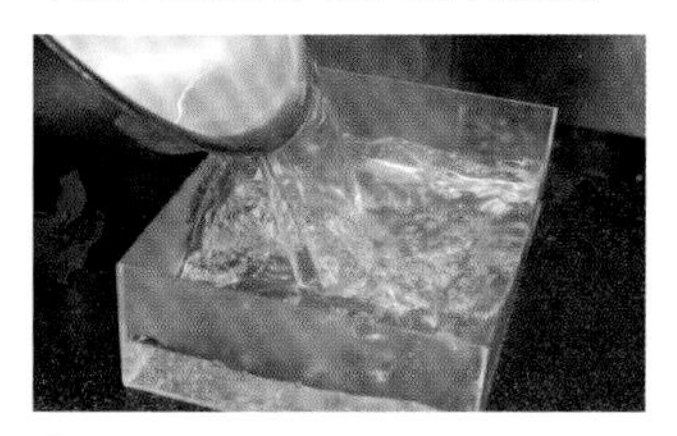

❷ 冷却至 60℃后，放入稍大容器中备用。

糖浆

配料放入锅中，加热并搅拌均匀。放入稍大容器中备用。

装饰

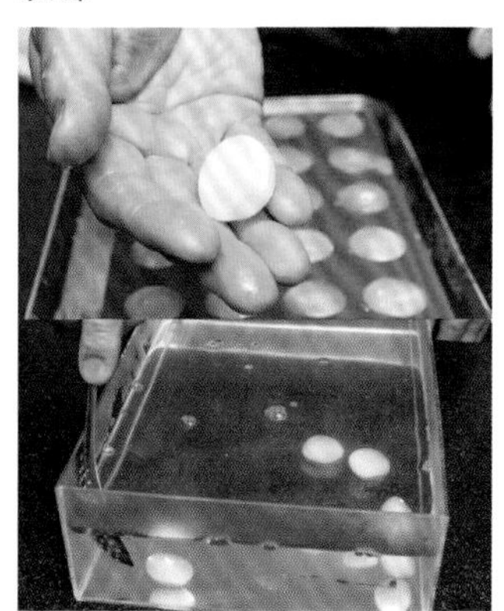

❶ 从模具中取出冷冻球溶液，放入 60℃的海藻酸溶液中。

❷ 当表面覆上一层薄膜时，将其移入装有水（分量外）的容器中清洗表面。再倒入装有糖浆的容器中。浸泡在糖浆中保存会更加入味，食用前从糖浆中取出即可。

摆盘示例

思念

盒子中盛放着迷你勃朗峰蛋糕、拉糖巧克力挞、酷似火漆蜡的覆盆子巧克力、水晶球等四道甜品。晃动水晶球，里面的银箔和塑巧克力花会像雪花一样飞舞起来。咬破薄膜后，接骨木花糖浆迸发出来。无论视觉还是味觉上，都是惊喜连连。

简单的拉糖造型。此次拉出一个圆锥造型，也可制作球形等其他形状。拉糖工艺被视为一种特殊工艺，如果造型简单则比较容易完成。此款盘饰可颠覆摆盘的整体效果。

厨师 / 高桥雄二郎

配料（易于制作的分量）

细砂糖　500g | 水　140g
麦芽糖　100g | 塔塔粉*　适量

＊ 塔塔粉
以酒石酸氢钾为原料的白色粉末。让糖难以结晶，延展效果好。无需模具定形。这款添加剂在"拉伸"糖浆时大有用处。

拉糖

"AMEZAIKU" Candy

颜　色：
透明 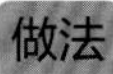

口　感：
薄脆

保持形态：
是

难　度：
■■■■□

做法

❶ 将所有配料放入锅中，大火加热，沸腾后转为小火熬煮。全部溶化后，加热至 175℃关火。

❷ 用直径约 8cm 的慕斯圈拉出糖，慕斯圈的边缘上鼓起糖膜。

❸ 趁热揪住糖膜的一部分，注意不要拉断，一点一点转动模具和拉伸，最后拉出圆锥形。

❹ 用喷火枪炙烤直径约 7cm 的慕斯圈的边缘（选用的慕斯圈的直径要比步骤❷～❸小一些）。

❺ 从步骤❸慕斯圈没有糖的一端放入步骤❹的慕斯圈，糖遇到慕斯圈热的边缘融化，然后分离。

摆盘示例

透明

生姜风味的法式白冻和蜂蜜冰激凌，搭配柑橘酱、不知火果肉、金柑果脯、甘菊泡沫和果子冻。一道甘甜奢华、口感清爽的甜品。在器皿上盖上高高的拉糖造型，敲碎糖膜的同时激发食欲，突出口感的特点。

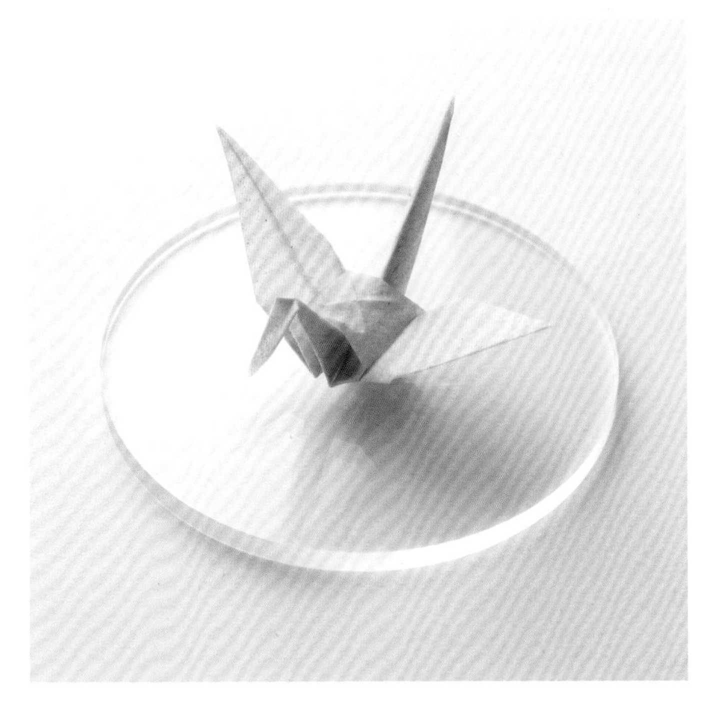

乍看好似用黄色纸折出的纸鹤。其实可食用。它是用根芹菜酱干燥后折出的纸鹤，也可折出不同造型。从开胃小点到前菜、再到主菜拼盘，是一款可用于各种场景的装饰品。

厨师 / 桥本宏一

配料（易于制作的分量）

根芹菜　2kg | 明胶片　20g

“纸鹤”

"ORIGAMI" Paper Cranes

颜　色：
金黄色

口　感：
顺滑　薄脆

保持形态：
是

难　度：
■■■□□

做法

❶ 根芹菜去皮，切成适宜大小。放入大量的热水中煮至软烂。

❷ 过筛，放入搅拌机，倒入少量的煮根芹菜水后搅拌成泥。

❸ 在硅胶垫上铺平，厚度大约1mm。用电风扇吹风干燥整晚。

❹ 将步骤❸切成 8cm 见方的正方形。

❺ 按折纸技巧折成纸鹤。完成后，放入 70℃的食品干燥机中干燥。

摆盘示例

暂驻

在法式澄清汤煮过的根芹菜上，来点嫩煎珠鸡鹅肝酱，最后淋上波特酒酱汁。旁边装饰一只用根芹菜片折的纸鹤。入口酥脆细腻，是整盘口感的点睛之笔。此次的造型是折纸鹤，方法和折纸相同，也可以折出其他造型。

用大吉岭茶叶制作的奶茶慕斯冷冻成球。加入了明胶，因此在口中融化时香气浓郁。除了大吉岭茶叶，还可以用香草或香料等，只要是可煮出味道的食材都可替换。

厨师 / 加藤顺一

配料（易于制作的分量）

牛奶　115g
生奶油（乳脂含量 38%）85g
茶叶（大吉岭）14g
蛋黄　25g | 细砂糖　25g
明胶片　3g | 牛奶巧克力　85g

大吉岭慕斯

Darjeeling Tea Mousse

颜　色：
茶色

口　感：
滑溜溜

保持形态：
否

难　度：
■■□□□

做法

❶ 将牛奶和生奶油放入锅中开火加热。

❷ 煮沸后加入茶叶，加盖。煮一分钟左右煮出香气。然后慢慢过滤。

❸ 蛋黄和细砂糖放入料理盆中，充分混合均匀。

❹ 将过滤后的步骤❷再次煮沸，放入步骤❸的料理盆中混合。趁热加入浸泡过的明胶片。

❺ 料理盆中放入牛奶巧克力，倒入步骤❹。用食物料理机搅打均匀，乳化。

❻ 将步骤❺灌入喜欢的模具中，放入冰箱冷却凝固。此次是和“弯曲饼干”搭配使用，因此选用了直径约2.5cm的球形硅胶模具。冷却固定后，脱膜即可使用。

摆盘示例参见 P047

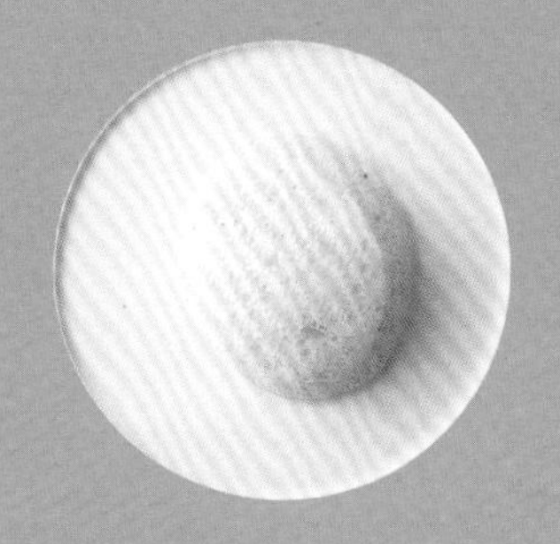

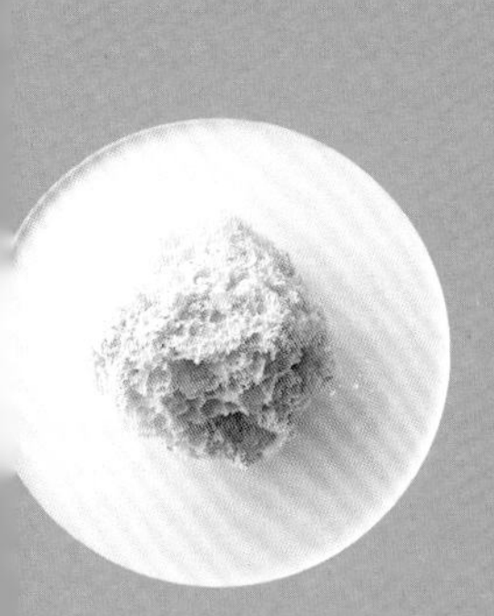

泡沫 | Foam

柚子果汁泡沫
"YUZU" Flavored Foam

玫瑰水泡沫
Rosewater Foam

"云朵"
"Nube"

牛油果开心果慕斯
Avocado Pistachio Mousse

冷冻巧克力泡沫
Frozen Chocolate Foam

蛋白霜舒芙蕾
Meringue "Souffle"

熏制培根风味泡沫
Smoked Bacon Flavored Foam

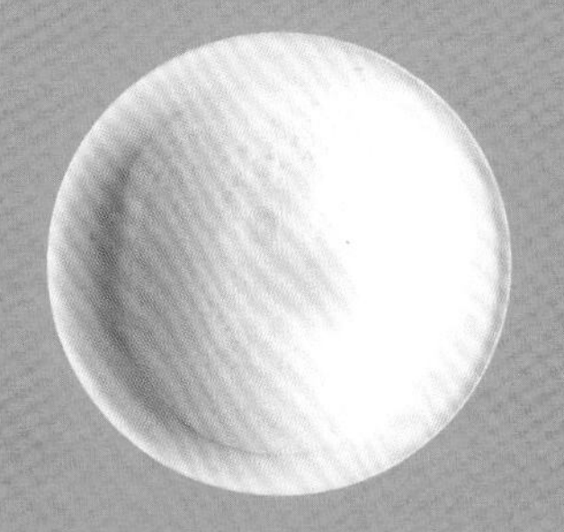

颜　色:	白色 ○
口　感:	绵软
保持形态:	否
难　度:	■□□□□

柚子果汁泡沫
"YUZU" Flavored Foam

用大豆卵磷脂制作，极其简单的泡沫。此次的配料是柚子果汁。大豆卵磷脂不限食材，能够同任何液体打发起泡。泡沫的稳定性会随时间降低，关键在于每次只制作所需的泡沫。

厨师 / 加藤顺一

配料（易于制作的分量）

柚子果汁　200ml | 大豆卵磷脂　1g

做法

❶ 柚子去子，榨取果汁。

❷ 在步骤❶中加入大豆卵磷脂，用食品料理机搅打至泡沫状。虽然大豆卵磷脂和任何液体混合后都能打出泡沫，但如果加得过多会有豆味，因此保持在占液体总量的 0.5% 即可。

摆盘示例参见 P069

颜　色:	粉色 ●
口　感:	绵软
保持形态:	否
难　度:	■□□□□

玫瑰水泡沫
Rosewater Foam

使用大豆卵磷脂和气泵制作的泡沫。做法相当简单。但是此款泡沫拥有可爱的嘟嘟粉、玫瑰的花香、蔓越莓的味道，存在感十足。从前菜再到主菜、甜品，可应用于各种摆盘。

厨师 / 桥本宏一

配料（制作 45 人份）

玫瑰水（市面销售） 50ml
蜂蜜　25g
蔓越莓果汁（市面销售） 150ml
柠檬汁　30ml
大豆卵磷脂　2g

做法

❶ 将配料全部放入料理盆中充分混合。

❷ 插入气泵管子，打开开关往里充气，起泡。也可使用食品料理机来起泡。

摆盘示例

春季高原

玻璃盘上点缀着满满的小草和花朵，里面盛着新鲜奶酪慕斯和玫瑰泡沫，还有食用花。盘子边缘上装饰着星星点点的蝴蝶形苹果片、甜菜泡菜，呈现出一幅春季花草萌芽的高原景象。通常只是装饰的泡沫，因不同的颜色搭配和味道，华丽变身为主角。

源自2000年分子料理的发源地——西班牙的“El Bulli”餐厅，在液体中加入明胶制作高稳定性泡沫的技术，正是从此兴起。此次用甜菜粉上色。

厨师 / 高桥雄二郎

配料（易于制作的分量）

海藻汤汁* 400g | 明胶片 12g
盐 适量 | 甜菜粉 适量

* 海藻汤汁
用裙带菜等各种海藻加水，熬制1小时而成。

“云朵”
“Nube”

颜 色：
白色 红色 ○ ●

口 感：
绵软

保持形态：
是

难 度：
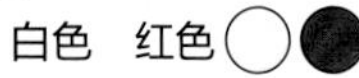
■■■□□

做法

❶ 将海藻汤汁分成两份200g。一份放入料理盆中，用冰水镇；另一份放入锅中，加入浸泡过的明胶片，加热。

❷ 当明胶片融化后，关火。然后倒入用冰水冰镇的另一份中，迅速冰镇，用打蛋器搅拌。

❸ 冷却到人体肌肤温度以下时，放入打蛋盆中，用家用料理机搅拌。同时用冰水冰镇打蛋盆，一边冷却一边打泡，目的是更好地发挥出明胶的活性作用。

❹ 放盐调味。可直接使用，此次筛入了甜菜粉，搅拌上色。

摆盘示例

粉色幻梦

这道开胃小菜是金枪鱼切块涂抹辣根奶油，快速蘸取用海藻汤打底制作的云朵。用明胶制作的云朵如泡沫般轻盈、入口即化。但是泡沫不易塌陷，可保持形状。基础材料可随心制作，示例中是上色的，云朵的可塑性十分广泛。

牛油果和开心果，以熬煮的橙汁风味为基础，加入生奶油和蛋白、明胶制作而成的慕斯。再倒入真空袋中，让慕斯中的气泡鼓起，质地像空气般轻盈。

厨师 / 桥本宏一

配料（易于制作的分量）

橙汁（市售） 360ml
明胶片 3g | 牛油果 1个
开心果酱（市面销售） 25g
酸橙果汁 少量
色素（绿色） 少量
生奶油（乳脂含量 35%） 130g
蛋白 100g | 盐 少量

牛油果开心果慕斯

Avocado Pistachio Mousse

颜 色：黄绿色

口 感：绵软

保持形态：无

难 度：■■■■□

做法

❶ 取橙汁放入锅中，熬煮至 1/4 的量。隔水加热，放入浸泡过的明胶片，混合均匀。

❷ 牛油果去皮去核，切成合适大小。开心果、酸橙果汁、色素、还有步骤❶的橙汁全部放入筒状容器。用食物料理机搅打成泥。

❸ 将生奶油和蛋白分别放入单独的料理盆中，充分打发起泡。

❹ 把步骤❷和步骤❸的食材全部混合，快速搅拌均匀。

❺ 放盐，待全部充分搅拌均匀后，放入真空保鲜机中，抽真空。

❻ 放入冰箱，冷冻 6 小时。

❼ 在上菜前用勺子等工具舀出后，在装有液氮的容器中蘸取一圈即可。

摆盘示例

森林的早晨

铺上石头和树枝，干冰藏在器皿中，里面点缀着牛油果开心果慕斯，在客人面前向器皿中倒入带有柏木香气的液体。袅袅烟雾和柏木的清香，正是森林晨雾的景象。在真空状态下，慕斯的气泡膨胀，入口即化，质地如空气般轻盈。

用巧克力和水、大豆卵磷脂制作成的泡沫，可直接用于甜品的装饰。如果继续冷冻，也可变为入口即化的梦幻泡冰。巧克力也可用其他水果替换。

厨师 / 桥本宏一

配料（易于制作的分量）

水　1.2L | 大豆卵磷脂　4g
巧克力　400g

冷冻巧克力泡沫

Frozen Chocolate Foam

颜　色：
茶色

口　感：
绵软

保持形态：
否

难　度：
■■■□□

做法

❶ 在锅中放入水，加热至沸腾后关火，加入大豆卵磷脂，搅拌溶解。

❷ 将巧克力切碎，放入步骤❶的锅中混合均匀。

❸ 插入气泵管，打开开关，充气起泡。也可用手动搅拌器来打发起泡。

❹ 可直接使用，此次冷冻后再使用。在冰镇过的老式杯的边缘贴上薄膜，垫出高度，灌注步骤❸的泡沫后，放入冰箱里冷冻。重复此步骤。如果在冰箱自动除霜的时候冷冻杯子，泡沫会消失。因此，要注意冷冻的时机。

❺ 冷冻后取出薄膜，即可使用。

摆盘示例

真空巧克力舒芙蕾

这道甜品是在冷冻的老式杯底部塞入焦糖夏威夷果，叠加巧克力味的冷冻泡沫，最后筛上可可粉。从组成来看酷似刨冰，但是泡沫冷冻之后的口感要比冰块更加柔软和梦幻。而且，即便不冷冻，巧克力风味的泡沫的应用也很广泛。

使用干蛋白制作的蛋白霜，通过低温烤制，做成清爽的入口即化的舒芙蕾（图片为烤制前）。示例中烤制成了正方体。其实形状可随心改变。直接使用，气泡会消失，烤制后可以保持形状不变。

厨师 / 高桥雄二郎

配料（易于制作的分量）

水　150g
干蛋白（见 P042） 11g
盐　1g | 蘑菇粉* 适量

* 蘑菇粉
蘑菇切成薄片放入预热好 66℃的烤箱或食品干燥器中干燥整晚后，再用搅拌器打碎成粉末。

蛋白霜舒芙蕾

Meringue “Souffle”

颜　色：
白色　淡茶色 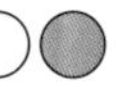

口　感：
绵软

保持形态：
否

难　度：
■■■□□

做法

❶ 将水和干燥蛋白、盐放入料理盆中，搅拌均匀，至泡沫完全打发。

❷ 在步骤❶中用网筛筛入蘑菇粉。

❸ 不要弄碎步骤❷的泡沫，装入裱花袋中，挤出造型。此次按大约边长 7cm 正方体挤出造型。在 110℃预热好的烤箱中烤制 7 分钟。

❹ 定型后脱模，即可使用。

摆盘示例

泥土的心事

布里欧修面包、蘑菇酱、培根和煎蘑菇层层叠放，用蛋白霜围出一个正方体。烤制后，在中间放一个生蛋黄，再从上面撒下磨碎的黑松露。如果用小刀插入，蛋黄立刻流出。舒芙蕾中加入了蘑菇粉，也可用青豌豆或玉米等替代。

外观是梦幻般的泡泡。含入口中弥漫着美味和咸味、还有熏制香味。此次用气泵来起泡，也可用搅拌机来替代。

厨师 / 桥本宏一

配料（易于制作的分量）

培根 1kg | 洋葱 1个
胡萝卜 1个 | 芹菜 100g
水 适量 | 蔗糖脂肪酸酯* 占整体重量的 0.5%

* 蔗糖脂肪酸酯
一种乳化剂。有助于泡沫形成，泡沫持续时间要比大豆卵磷脂略长。

熏制培根风味泡沫

Smoked Bacon Flavored Foam

颜 色：
白色○

口 感：
绵软

保持形态：
否

难 度：
■■□□□

做法

❶ 将培根切成适宜大小。锅中无须刷油，煎烤至焦黄。

❷ 洋葱、胡萝卜、芹菜切成小丁，来回翻炒，注意不要烧焦，作为蔬菜配料。加水和煎烤过的培根，放入高压锅中加热。

❸ 开锅后转至小火，煮约 20 分钟。待压力表指针回到零，即可打开锅盖，冷却，过滤。

❹ 步骤❸过滤的液体中加入蔗糖脂肪酸酯混合搅拌。放入可密封的器皿中，用烟熏枪注入烟熏气体，加盖。放置 2 小时左右，让熏制香味溶于液体。

❺ 将步骤❹放入较深的器皿中，插入气泵的管子，向里送气，起泡。用食物料理机也可起泡。

摆盘示例参见 P079

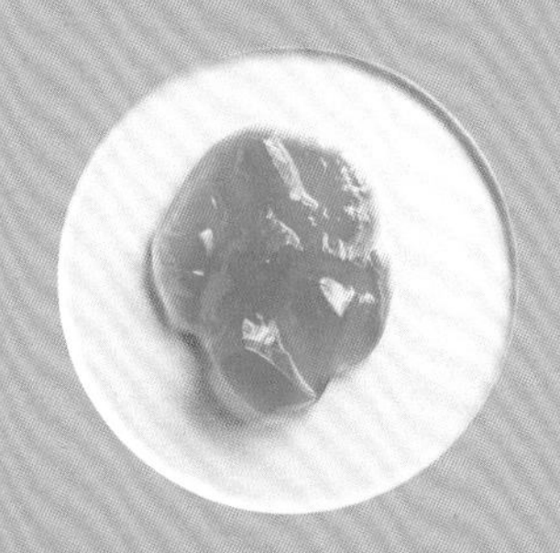

泥、果子冻和液体 | Puree, Jelly, Liquid

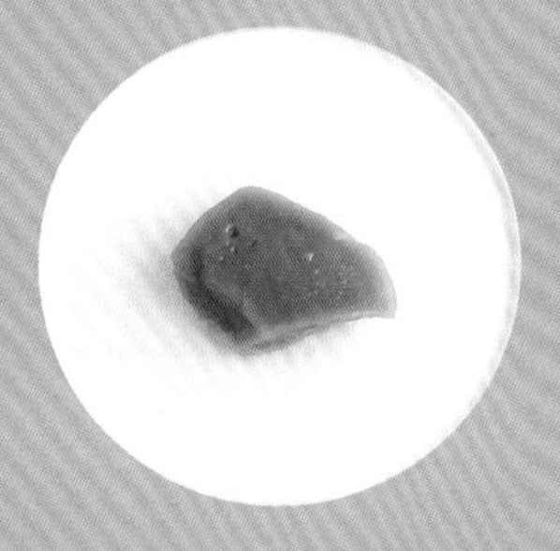

用熟透的番茄制成的鲜红菜泥。哪怕是很少的量，也能品尝到它浓厚的香味、甜味和酸味。

厨师 / 田渊拓

配料（易于制作的分量）

熟透的番茄　5 个
番茄糊*　15g
盐　适量 | 细砂糖　适量
白葡萄酒醋　适量
琼脂　占整体重量的 0.35%

* 番茄糊
主要用浓缩番茄和 E.V. 橄榄油、盐三种原料制作而成，是意大利一种番茄加工产品。主要特征是番茄浓厚的味道和色泽。

番茄琼脂菜泥

Tomato Agar Puree

颜　色：
红色 ●

口　感：
滑弹

保持形态：
是

难　度：
■■■□□

做法

❶ 全熟番茄去蒂切成适宜大小，和番茄糊一同放入搅拌机中搅拌。过筛备用。

❷ 在步骤❶中按口味添加盐、细砂糖、白葡萄酒醋，混合搅拌。

❸ 将步骤❷移入锅中，加入琼脂混合均匀。开火加热，沸腾直至盐和糖完全溶解。

❹ 关火，常温放置冷却凝固。

❺ 完全凝固后，倒入搅拌机搅打。用网筛过滤，成为丝滑的菜泥。

摆盘示例

繁花

在冷鲕鱼的生切片上装饰着繁星花和旱金莲的叶片，用花模具雕刻的萝卜，打造出华丽的印象。星星点点的番茄琼脂菜泥，可替代酱汁来调味。菜泥中加入琼脂，常温下不易流动，在器皿中的表现形式多种多样。

鲜明强烈的蓝色，打造出醒目的菜泥。酸酸甜甜的煮洋葱酱里加入色素，入口味道宜人。虽然对一般色素敬而远之，但如果色素源自天然植物，是不是可以尝试一下呢？

厨师 / 田渊拓

配料（易于制作的分量）

洋葱　2个 | 细砂糖　40g
白葡萄酒醋　100g
海藻蓝*　适量

* 海藻蓝
一种天然食用色素，是用藻类“螺旋藻”中含有的色素制成。

蓝色泥

Blue Puree

颜　色：
淡蓝色 

口　感：
滑嫩

保持形态：
是

难　度：

做法

❶ 洋葱切片，放入刷上色拉油（分量外）的平底锅中翻炒。炒至软烂，发出甜味时，加入细砂糖、白葡萄酒醋，搅拌均匀，熬煮。

❷ 熬煮到水分蒸发后关火，倒入搅拌机中搅拌均匀成糊。

❸ 放入料理盆中冷却。温度低于常温后，放入海藻蓝，充分搅拌均匀即可。

摆盘示例

倒影

裹上粗粒小麦粉，油炸酥脆的西太公鱼，用蓝色菜泥做出鱼的剪影装饰。颜色是鲜明强烈的土耳其蓝，入口有洋葱的甘甜和酒醋的酸味。酸酸甜甜的口感，令人回味无穷。也可以用其他色素，随意变换颜色。

和蓝色泥（见 P146）一样，使用天然色素，制成鲜亮蓝色的蛤蜊果子冻。如果在菜肴中用蓝色，制作难度很高。搭配海鲜会让人联想到大海。

厨师 / 田渊拓

配料（制作大约 35 人份）

蛤蜊　5 个 | 水　350g
鳀鱼露　20g | 蜂蜜　15g
明胶片　占整体重量的 1.2%
海藻蓝（见 P146）　适量

蓝色果子冻

Blue Jelly

颜　色：淡蓝色

口　感：滑弹

保持形态：是

难　度：■■□□□

做法

❶ 生蛤蜊的肉和壳分离，打开壳。

❷ 锅中放入水、鳀鱼露、蜂蜜，开火加热。充分融合后，加入蛤蜊肉，按熬汤的技巧，保持不开锅的温度，熬煮 10 分钟左右。

❸ 当蛤蜊的味道融入到汤汁中，关火，静置，慢慢降温。

❹ 当汤汁冷却后取出蛤蜊，再次加热汤汁。汤汁变热后，加入浸泡过的明胶片，混合，关火冷却。

❺ 冷却后，加入海藻蓝，混合搅拌均匀。

摆盘示例

海洋之心

在盘子中央挤出一圈土豆慕斯，放上蛤蜊和甜虾、叶菜。将蓝色果子冻倒入蛤蜊壳中，在餐桌上演绎出圆环中的流动。让人联想出大海的明亮蓝色，和蛤蜊、甜虾等的海鲜搭配相得益彰。据说蓝色会减少食欲，这款菜品是一个很好的示例，恰到好处地运用蓝色，也可形成正面效果。

用薄膜裹住酱，形成胶囊，利用分子美食学中流行的“球化技术”制成小颗粒。用藏红花染色的酸甜果子冻，星星点点洒落油中，好似一粒一粒的鱼子酱。

厨师 / 田渊拓

配料（易于制作的分量）

海带水* 90g | 米醋 180g
盐 2g | 细砂糖 70g
琼脂 占整体重量的 1.2%
藏红花粉 1g

* 海带水
海带放入水中浸泡一天，用文火煮出香味，过滤备用。

琼脂果子冻颗粒

Agar Jelly Balls

颜 色：
橙色

口 感：
薄脆

保持形态：
是

难 度：
■■■□□

做法

❶ 将海带水、米醋、盐、细砂糖放入锅中，混合，加热。

❷ 放入琼脂和藏红花粉，再次混合搅拌。

❸ 当全部搅拌均匀，琼脂完全溶解后，关火，灌入挤压瓶中。

❹ 料理盆中放入足量的色拉油（分量外），放入冰水中冰镇。从挤压瓶挤出星星点点的液体，滴到冷却的色拉油中。因为要使用冷却后的油才可使用，而动物油和橄榄油冷却后会凝固，所以不适合选用。

❺ 在色拉油中制作出许多许多果子冻颗粒后，用滤网过滤沥干油。

❻ 水洗，备用。

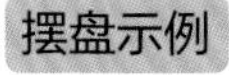

摆盘示例

果子冻生鱼片

这是一道前菜。生剑鱼片上满满堆上颗粒状的酸甜果子冻，点上生奶油。乍看好似鱼子酱。入口咬开的瞬间，表皮的薄膜破裂，从里面涌出果子冻。调味过的果子冻放入冷却的色拉油中，变成颗粒状，只要抓住此做法的要点，就可以应用在任何美味中。

用西洋醋制作的酸味酱。使用了结冷胶，即便温度不高也无须溶解，即可定形，用于温热料理的制作。一旦完全凝固后，用搅拌机来回搅拌即可呈现丝滑的质地。

厨师 / 加藤顺一

配料（易于制作的分量）

苹果醋 1L | 柠檬酸钠* 10g
结冷胶* 15g

* 柠檬酸钠
  一种食品添加剂，用作酸度调节剂、调整食品的 pH 值。
* 结冷胶
  一种胶凝剂，耐热性强，凝固后可加热到 200℃。

西洋醋酱

Vinegar Puree

颜 色：
淡黄色◯

口 感：
滑弹

保持形态：
是

难 度：
■■■■□

做法

❶ 苹果醋倒入锅中加热。加入柠檬酸钠，煮沸，再放入结冷胶制作成酱。通常酸性较强的西洋醋难凝固。为提高 pH 值、中和酸度，加入了柠檬酸钠。

❷ 煮沸后，取出 1/4 的量放入另一个锅中，加入结冷胶，用打蛋器搅打。当充分搅匀成稠糊状时，少量多次加入剩余的 3/4，用打蛋器适度搅打。搅打时不要关火，保持沸腾的状态。

❸ 当整体充分混合均匀后，移入用冰水冰镇的料理盆中，一边搅拌，一边冷却。温度到 60℃左右时开始凝固，冷却至常温时，完全凝固。

❹ 将步骤❸倒入搅拌机中，搅打5分钟左右成酱状。如果还有粗糙颗粒，没有呈现出细致丝滑状态，则继续搅打，有需要也可用网筛过滤。

❺ 在挤酱瓶中装满步骤❹。此次用保温锅加热后，挤出温热带酸味的酱。

摆盘示例

野菜和香料沙拉

美味和苦味并存的春季野菜，如玉簪叶和蜂斗菜、西蓝花等，挤入柔和酸味的温热酱来调味。酸性较强的配料通常不易凝固，但是加入柠檬酸钠可控制食物的 pH 值，用西洋醋也可呈现出酱状的质地。这一装饰也可用柠檬或橙子果汁来制作。

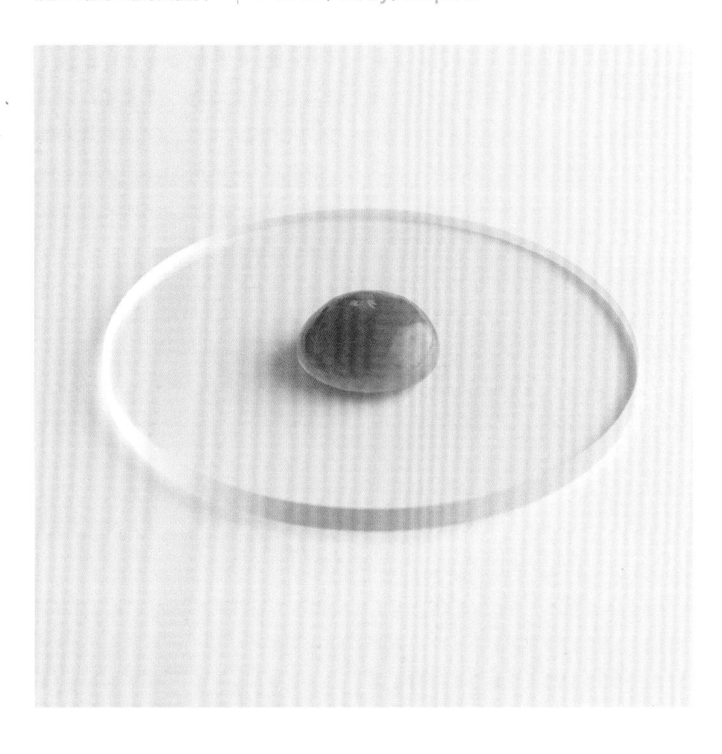

用柠檬汁制作的酸味酱。制法和西洋醋酱（见P152）相同。制作完成后放置1天，打造出透明感。

厨师 / 加藤顺一

配料（易于制作的分量）

柠檬　20个
柠檬酸钠（见P152）　15g
结冷胶（见P152）　10g

焦黄柠檬酱

Browned Lemon Puree

颜　色：
土黄色

口　感：
滑弹

保持形态：
是

难　度：
■■■■□

做法

❶ 10个柠檬对半切开，切面朝下，放入铺上锡纸的平底锅中，大火煎烤。待横切面烤焦发黑，关火，榨取果汁。剩下的10个生柠檬榨取果汁。配料配比和做法可按照个人喜好改变。此次烤焦一半的柠檬，目的是增添烤焦的香气和味道的层次。

❷ 把两种柠檬汁共同倒入锅中，尝味道，如有需要可加水、砂糖、盐等调味。放入柠檬酸钠煮沸，然后放入结冷胶制作成酱。

❸ 用打蛋器搅打。使用打蛋器是为避免出现颗粒。搅打时不能关火，保持沸腾状态。

❹ 一边保持 3 分钟沸腾状态一边继续搅拌，当整体全部搅打均匀后呈稠糊状。

❺ 移入用冰水冰镇的料理盆中，搅打冷却。温度降至 60℃左右时开始凝固，冷却至常温时完全凝固。

❻ 倒入搅拌机中，搅打 5 分钟左右成酱状。如果还有粗糙颗粒，没有呈现出细致丝滑的酱，则继续搅打，有需要也可用网筛过滤。

❼ 放入冰箱静置一晚。因为搅打后立即使用会进入空气，颜色会浑浊暗淡。装入挤酱瓶后使用。

摆盘示例

青蟹挞

蛋饼派中装上满满的蟹肉，重点是焦黄柠檬酱的酸味和鱼子酱的咸香。这款柠檬酱具有两个特点，一是让不易凝固的酸度较强的柠檬凝固；另一点是温度不高也能制作出不易流动的酱。记住要点，就可以广泛应用。

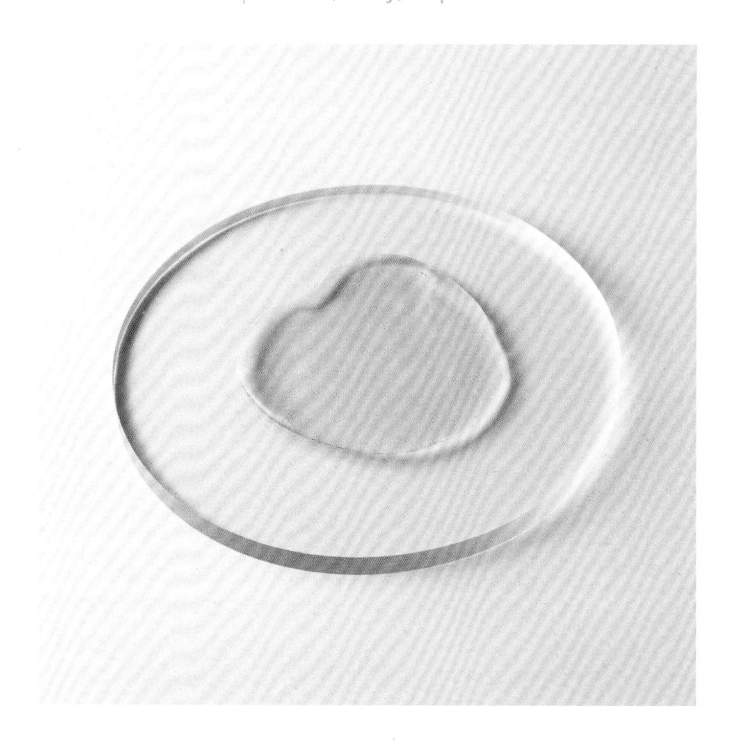

洋姜蒸过后，提取纯度 100% 浓缩汁，可用于沙司和汤汁的烹饪。适合没有太多涩味、辣味的蔬菜。芜菁也可用同款烹饪方法。加入明胶，可制作果子冻。

厨师 / 高桥雄二郎

配料（易于制作的分量）

洋姜　适量 | 盐　适量
白葡萄酒醋　适量

洋姜浓缩汁

"KIKUIMO" Extract

颜　色：透明○

口　感：顺滑

保持形态：否

难　度：■■□□□

做法

❶ 洋姜洗净，带皮直接摆入装好网的烤盘中。放入 80℃预热好、湿度为 100% 的蒸烤箱中，蒸烤 40 分钟。

❷ 将步骤❶的洋姜从网中取出，把烤盘中蒸出的水倒入料理盆中。

❸ 在步骤❷的汁液中撒盐，放入少量的白葡萄酒醋，调味。

摆盘示例

宁静

将带皮洋姜挖空，制成法式蛋奶派，放在器皿底部。从上面倒下洋姜浓缩汁，塞入不裹面衣直接油炸的鱼白，以及裹上面衣油炸的鱼皮，再撒上一些切碎的蒜片、刺山柑花蕾和香草。此次制成了像汤汁那样的透亮质地，也可制作成果子冻。

做法同 P156 的洋姜浓缩汁一样，提取了蚕豆汁。而且，番茄不用加热即可提取精华汁。可生食的食材无需加热即可提取汁液，其他食材加热来提取汁液。

厨师 / 高桥雄二郎

配料（易于制作的分量）

蚕豆（种子） 200g | 水 120g
盐（盐之花） 适量
明胶片 适量

蚕豆浓缩汁

Fava Beans Extract

颜　色：透明◯

口　感：滑弹

保持形态：是

难　度：■■■□□

做法

❶ 生蚕豆从豆荚中取出，剥掉薄皮。放入真空专用袋，加入占蚕豆重量 60% 的水和一小撮盐（盐之花）。真空保存。

❷ 将步骤❶放入 80℃预热好、湿度为 100% 的蒸烤箱中，蒸烤 12 小时。

❸ 打开袋子，倒入铺好厚厨房纸的网筛中，慢慢过滤一天。

❹ 提取出汁液后，和浸泡过的明胶片（明胶片的用量占水的 1.6%）一起放入锅中加热，煮至完全溶解。

❺ 当明胶溶解后，离火冷却。

摆盘示例

蚕豆酥挞

挞皮中叠加白乳酪和调制好的去皮蚕豆、还有用蚕豆浓缩汁制作的果子冻，再挤入蚕豆慕斯，真是一道蚕豆盛宴的酥挞。虽然本次放入了过多的明胶，凝固成果子冻，但是否添加明胶、添加的量和可按个人喜好调整。

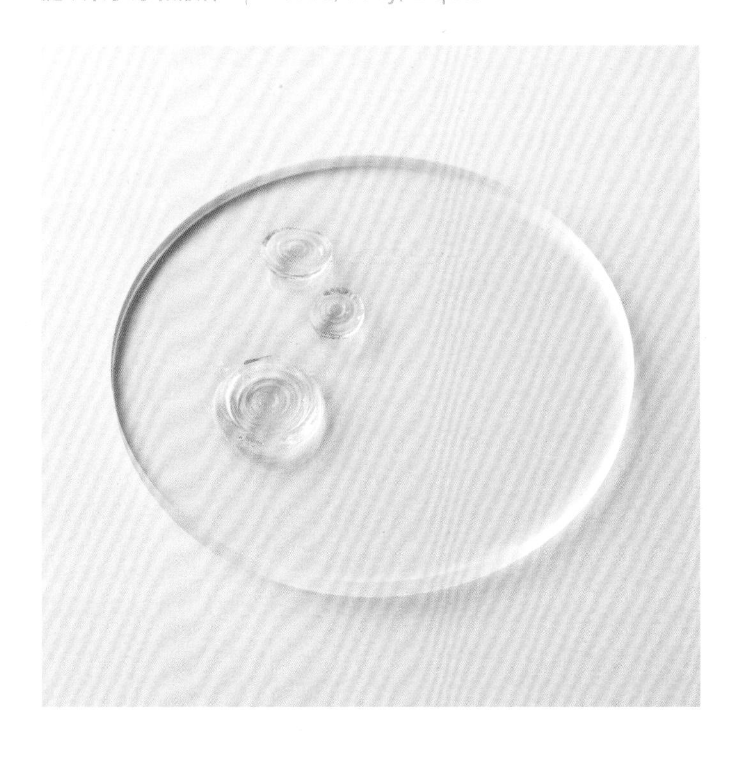

大多数情况下，可用不同的色彩和味道呈现各种果子冻。外观也格外引人注目。可使片状糖果“柠檬片”和“酸奶片”的包装盒来替代模具，叠加三层、四层的圆形，像水面的波纹一样。

厨师 / 桥本宏一

水波纹果子冻

Water Ripple Jelly

颜　　色：透明◯

口　　感：滑弹

保持形态：是

难　　度：■■■□□

配料

西班牙冷汤浓缩汁（制作 18 人份）

番茄　20 个 | 大蒜　1 片

洋葱　1 个 | 红柿子椒　2 个

黄瓜　10 根 | 芹菜　100g

雪利酒醋　5ml

E.V. 橄榄油　100ml | 盐　少量

装饰（易于制作的分量）

西班牙冷汤浓缩汁　300ml

卡帕型卡拉胶　15g

做法

西班牙冷汤浓缩汁

❶ 番茄去蒂，切成适宜大小。大蒜和洋葱去皮，全部切碎。取出红柿子椒的籽和蒂，切成适宜大小。黄瓜和芹菜切成大小均匀的块。

❷ 加入雪利酒醋、E.V. 橄榄油，加盐，用手动搅拌器搅打成液体。

❸ 倒入铺好纸的网筛中，慢慢过滤。过滤好的液体放入冰箱冷却。

装饰

❶ 西班牙冷汤浓缩汁和卡帕型卡拉胶一同放入锅中，开火加热。充分混合煮开，除掉食材的涩味。

❷ 步骤❶吸入注射器中（滴管也可以）。灌入自己喜欢的模具中。此次使用的是糖果片的空板包装。在凹槽中倒入高度 1~2mm 的液体，放置在常温下，等待凝固。

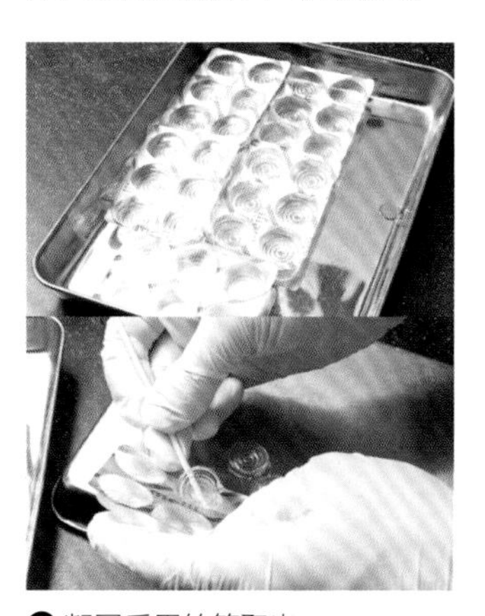

❸ 凝固后用竹签取出。

❹ 一部分直接使用，另一部分用裱花嘴等工具钻出小孔，制作出大、中、小三种水波纹图案。

摆盘示例

雨点

将凝固的西班牙冷汤浓缩汁放入器皿，咽下去喉咙清凉。放上宛如水波纹的星星点点的果子冻，点缀繁星花和旱金莲的叶子。这道前菜重现出从春季入夏，雨水拍打水面的场景。利用糖果片空板包装，充满创意。

薄荷果子冻
Mint Jelly

用香气超强的“海明威薄荷”制作而成的果子冻。此次是甜品，也能用在前菜中来提升菜品的清凉口感。也能用加热不变色的紫苏叶。

厨师 / 加藤顺一

颜　色：	绿色 ●
口　感：	滑弹
保持形态：	是
难　度：	■■■□□

配料（易于制作的分量）

海明威薄荷* 100g | 水 240g | 细砂糖 50g | 明胶片 5g

* 海明威薄荷
和绿薄荷是同科、特点是清香。大家熟知它是因为用于莫吉托鸡尾酒中的薄荷。也可用绿薄荷替代。

做法

❶ 海明威薄荷煮 1 分钟。放入冰水中急速冷冻。沥干水，切除根茎坚硬的部分。

❷ 将水和细砂糖放入锅中，加热到 50℃。放入浸泡过的明胶片，混合均匀，在常温下冷却。

❸ 将步骤❶和步骤❷混合均匀，用搅拌机搅打 5 分钟，至质地细腻。过筛，备用。

❹ 倒入器皿中，放入冰箱冷藏定形。如果表面出现气泡，用喷枪微微喷火即可消除气泡。

摆盘示例

镜面

这道甜品先将巧克力奶黄酱流入器皿中，冷却定形，上面装饰一层宛如镜面光亮的薄荷果子冻，再冷却凝固成“巧克力薄荷”。口感清凉的薄荷果子冻中添加了用在莫吉托鸡尾酒中的海明威薄荷，呈现出更强的香气和鲜亮的绿色。

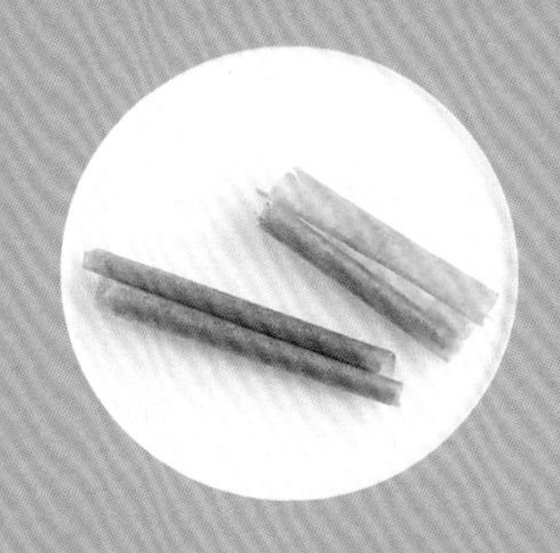

其他素材 | Ingredients

烤橘子干
Dried Mandarin Orange

扇贝薄片
Scallop Chips

生菜容器
Lettuce Bowls

炸通心粉
Crispy Penne

糖霜欧芹
"Glass Royale" Chervil

油炸牛蒡
Burdock Fritters

甜菜毛球
Beetroot "Ball of Wool"

紫薯圆锥筒
Sweet Potato Cornets

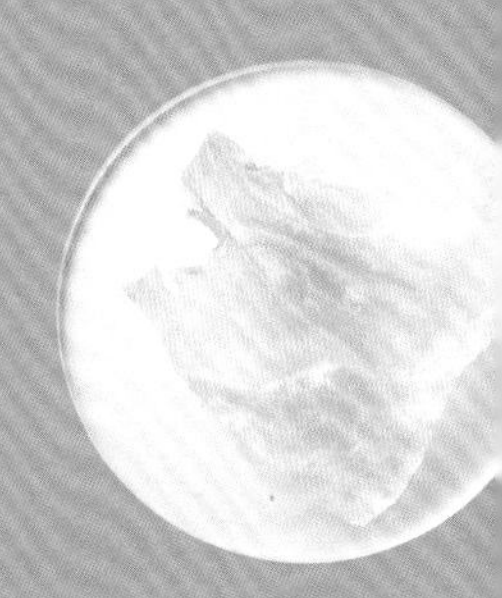

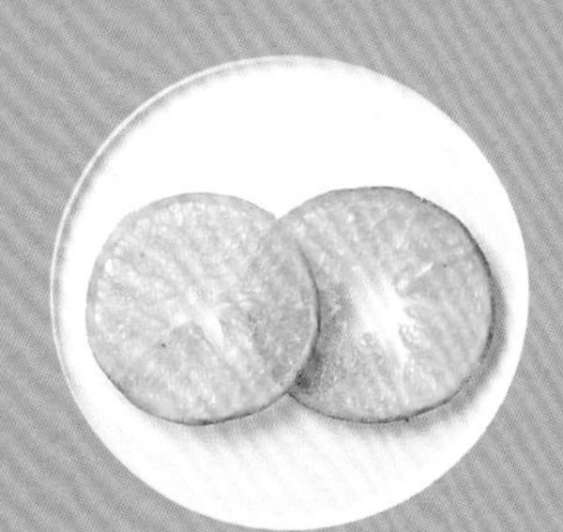

橘子冷冻后，切成薄薄的圆片，抹上糖浆烤干。甜品和小点心自不必说，也可用于前菜或主菜的配盘中。橘子和柠檬的果皮较硬，很难用其他食材来替代。

厨师 / 高桥雄二郎

配料（易于制作的分量）

橘子　适量
糖浆（30 度波美）　适量

烤橘子干
Dried Mandarin Orange

颜　色：
橙色

口　感：
硬脆

保持形态：
是

难　度：
■■■□□

做法

❶ 橘子带皮直接冷冻。

❷ 将橘子在冷冻状态下切成厚度为 1～2mm 的薄片。摆放在硅胶垫中，用毛刷在两面涂抹上糖浆。冷冻的目的在于切出完美的圆片（如果不冷冻，果肉会碎）。

❸ 将步骤❷连硅胶垫一同放入烤盘，在 80℃预热好的烤箱中干烤 2 小时。

❹ 从硅胶垫上取下即可使用。

摆盘示例

橘子树

达克瓦兹摆入盘中，装饰巧克力慕斯和橘子酱，还有烤橘子干。盘子下方铺一层巧克力奶酥，用巧克力粉画出树枝，成为一道橘子树造型的甜品。如果用橙子或柠檬制作，会因为果皮较硬难以咬断。所以推荐使用橘子制作。

仅用扇贝的贝柱制作的超薄脆片。把扇贝肉糜薄薄地擀平，用烤箱烤干，自然卷成如图片所示的卷筒形状。除扇贝之外，凡是可制作煎饼的海鲜，如虾或墨鱼都可替代。

厨师 / 加藤顺一

配料（易于制作的分量）

扇贝　10个 | 盐　约2g

扇贝薄片

Scallop Chips

颜　色：土黄色

口　感：薄脆

保持形态：是

难　度：■■■□□

做法

❶ 扇贝去壳，去掉裙边，只保留贝柱。

❷ 将步骤❶和占总量1%的盐全部放入料理机中，搅打成肉泥。

❸ 将扇贝泥在硅胶垫上薄薄地擀平。

❹ 步骤❸放入90℃预热好的烤箱中，干燥1小时。此时要打开风挡，注意烤箱内不要有湿气。

❺ 从烤箱中取出硅胶垫，取下肉泥，再次放入90℃预热好的烤箱中，干燥1小时。

❻ 当两面全部烤干后，从硅胶垫上取下，切成适宜大小，即可使用。

摆盘示例

浓缩

用薄切的萝卜片包裹扇贝塔塔酱，再搭配上日本产芥末和酪乳酱，还有莳萝油。为增添薄脆的口感和浓缩的美味，用扇贝脆片作为点缀。海味重的海鲜，比如虾和墨鱼，做成肉糜味道也不变，也可以按此食谱制作。

通过控制容器内的气压，让食材能在较短时间内入味，用真空烹饪机再现减压烹饪机的原理，在真空下让生菜含有大量的水分，呈现出清脆的口感。

厨师 / 高桥雄二郎

配料（易于制作的分量）

生菜（小棵） 半个 | 水 适量

生菜容器

Lettuce Bowls

颜 色：

黄绿色 ○

口 感：

爽脆

保持形态：

是

难 度：

做法

❶ 生菜切半，在托盘中放入能够没过生菜的水量。将整个托盘放入真空专用袋中，真空保存。

❷ 打开步骤❶的袋子，取出生菜，沥干水后使用。如果在真空下和生菜一起放进去的不是水而是调味汁，调味汁会渗入食材。渗透压会让食材本身的水分流入调味汁中，影响口感，不适合烹饪出清脆的口感。

摆盘示例

生菜容器沙拉

在真空下，食材中的空气膨胀，易于吸收外界的水分。运用此原理，在真空下让生菜叶吸足水分，得到清脆的口感。生菜叶作为容器，盛装腌泡龙虾汁、柑橘、樱桃番茄等，也能和番茄、虾肉果子冻叠加，制作出一道清爽不腻的沙拉。

看似普通的通心粉，先煮一次，然后干燥，再油炸，口感硬脆。直接撒盐也可以，里面夹上其他配料也可以，是一道很方便的小吃。

厨师 / 田渊拓

配料（易于制作的分量）

通心粉　500g | 橄榄油　适量

炸通心粉

Crispy Penne

颜　色：

金黄色

口　感：

硬脆

保持形态：

是

难　度：

做法

❶ 在锅中放入盐分浓度为 1% 的热水（分量外）煮开，倒入通心粉，煮 40～60 分钟直至软烂。

❷ 将通心粉捞出，沥水，用橄榄油拌匀。在烤盘中摊开铺平，不要互相摞在一起。放入 70℃预热好的烤箱中，干燥 12 小时。

❸ 干燥后的通心粉在 200℃的色拉油（分量外）中炸至酥脆。如果不立刻食用，则在干燥之后在表面喷洒少量的水（分量外），加入干燥剂，放在容器中保存。上餐前按同样的方法炸制即可。

摆盘示例

通心粉配戈贡佐拉奶酪

先水煮然后干燥，上餐前再炸制的通心粉，在当中挤入戈贡佐拉奶酪，装满玻璃杯后端上桌。外观很朴素，可提前做好，放在冰箱里备用。如果更换通心粉里的馅料，则可以做出很多变化，是一道十分适合作为西餐开胃菜的手指餐。

这道盘饰拥有枯树枝般的意境。欧芹运用了“生菜容器”（见 P168）的技法，真空加工的食材富有弹性，裹上糖霜再干燥。薄荷和罗勒等都可用同样方法烹饪。

厨师 / 高桥雄二郎

配料（易于制作的分量）

欧芹　适量 | 水　适量
蛋白　适量 | 糖粉　适量

糖霜欧芹
"Glass Royale" Chervil

颜　色：绿色

口　感：爽脆

保持形态：是

难　度：■■■□□

做法

❶ 欧芹和水一起放入真空袋中，抽真空，使其含水有弹性。

❷ 蛋白和糖粉同比例放入料理盆中，混合翻拌，做成糖霜。

❸ 从真空袋中取出欧芹，裹上步骤❷的糖霜。

❹ 放入 80℃预热好的对流烤箱中干燥 2 小时即可。

摆盘示例

初雪

用海绵饼干铺底，周围装饰着晚白柚的果肉，撒上薄荷慕斯和晚白柚果子冻，叠加酷似花朵造型的超薄糖工艺，最后点缀上糖霜欧芹。清凉、甘甜，打造出独特的口感。可用巧克力替代糖霜，或用薄荷替代欧芹。

用削皮刀刮下薄薄的牛蒡丝，炸至酥脆定型。可直接上菜作为零食享用。此次绕出的造型酷似鸟巢，可作为盛菜的器皿。根据用途可随意改变造型和大小，也可用土豆替代牛蒡。

厨师 / 高桥雄二郎

配料（3人份）

牛蒡　2根 | 盐　适量

油炸牛蒡

Burdock Fritters

颜　色：

茶色

口　感：

松脆

保持形态：

是

难　度：

■■□□□

做法

❶ 牛蒡洗净，去皮，用削皮器一片片刮下薄片。快速在水中涮一下，沥干水备用。

❷ 无须擦拭步骤❶的水，不裹面衣，直接放入170℃的色拉油中油炸。

❸ 炸干水分，直接从油中捞出，滤油。趁热卷圆，做成鸟巢造型，定型。撒上盐即可。

摆盘示例

巢

在卷成鸟巢造型的油炸牛蒡里，再放上用同样的牛蒡卷起来的油炸酥脆小香鱼，是一道搭配香槟享用的开胃菜。乍看是盛菜的装饰物，其实从上到下都可食用。只要改变大小和卷起的方式，菜品的印象和用途都会有彻底的改变。虽然简单，但表现力极强。

油炸甜菜这道点缀料理好像缠绕在一起的毛团，造型十分可爱。先切成像刺身配菜那样的细丝，然后油炸酥脆。可直接使用，定形的关键在于趁热快速完成。

厨师 / 桥本宏一

配料

调味盐（制作 50 人份）
盐　2.5g | 细砂糖　23g
柠檬酸　3g

甜菜毛团（易于制作的分量）
甜菜　1 个 | 调味盐　适量

甜菜毛球

Beetroot "Ball of Wool"

颜　色：
红色

口　感：
硬脆

保持形态：
是

难　度：
■■□□□

做法

调味盐

所有配料全部混合均匀。

甜菜毛团

❶ 甜菜去皮，切成或刨成超细的丝。

❷ 取 13g 甜菜丝，放入 170℃的色拉油（分量外）中，快速过油炸。

❸ 从锅中捞出甜菜丝，放在吸油纸上滤油，撒上调味盐，趁热缠绕成乒乓球大小的圆球即可。

摆盘示例

毛线团

立体毛团造型的甜菜中，挤上酸奶油和生奶油，搭配适合辣根的奶油，周围撒上一些冷冻干燥的甜菜粉，呈现一道全红盛宴的前菜。咬碎薄脆的油炸甜菜，品尝到奶油中的清爽的辛辣和酸味，体验双重乐趣。

色彩鲜艳的红薯切片，放入锥形模具中炸制而成。里面装上奶油和酱泥，适合制作成手指餐。红薯的品种不限均可选用，但糖度太高可能会烤焦。

厨师 / 高桥雄二郎

配料（易于制作的分量）

红薯　适量

紫薯圆锥筒

Sweet Potato Cornets

颜　色：

紫色 

口　感：

硬脆

保持形态：

是

难　度：

做法

❶ 将红薯去皮，切成 1mm 厚度的薄片。

❷ 红薯片切成梯形，用差不多大小的油纸包起来，卷成圆锥造型。

❸ 放进正好能容下它的裱花嘴（此次选用了长大约 4cm、最大的直径约 3cm）中。用锡纸包裹一圈。

❹ 放入 150℃～160℃的色拉油（分量外）中炸制。夹在中间的油纸是为了避免红薯从裱花嘴上脱离。

❺ 裱花嘴中冒出气泡时，捞出。取下裱花嘴和油纸即可使用。

摆盘示例参照 P105

主厨的盘饰心得

桥本宏一

高桥雄二郎

田渊拓

加藤顺一

桥本宏一

1970 年出生于日本大阪府。毕业于料理师学校，继续在法国料理店积累经验，2003 年前往西班牙。在西班牙圣塞巴斯蒂安的 Martin Berasategui 和位于加泰罗尼亚的 EL Bulli 研修。回国后，曾任职于日本东京文华东方酒店（Mandarin Oriental Hotel）做厨师长。2015 年创立 CELARAVIRD 餐厅。

负责的盘饰

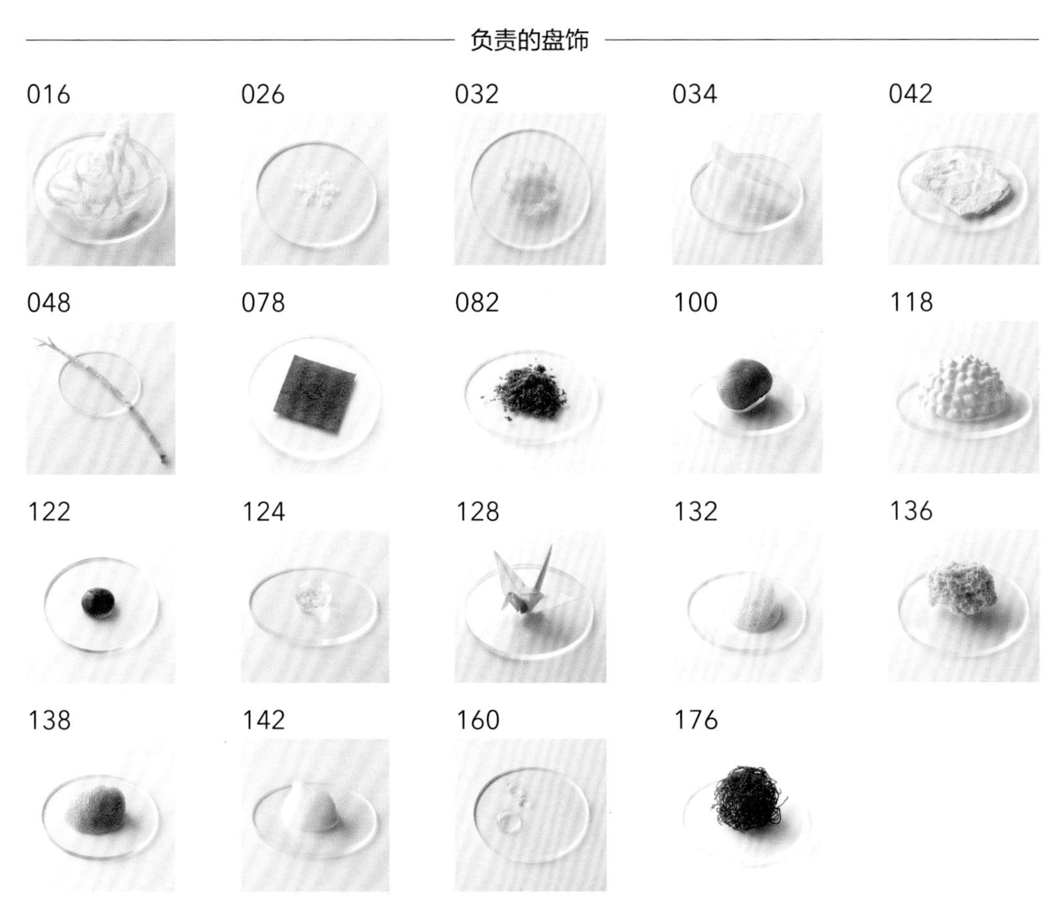

＊盘饰图片上方的编号代表每种盘饰所在的页码

或许有人认为菜肴中的盘饰在日常不需要特别关注，但是我认为，菜肴就是由一个一个点缀品组合成的。我在创作这些盘饰时，大多数都是在寻找某些新的表现形式。譬如，很多时候我会尝试在菜肴中还原或者投射出大自然的景象。但是构成自然景象的元素，类似“树枝”“石头”“水波纹”“苔藓”等，在日常烹饪中难以完成。新的盘饰其实诞生在我冥思苦想“到底用什么方式才能还原?”之前，它们就是我看到的风景、脑子里描绘出的场景。用烹饪作为还原的“方法”，创作出盘饰。盘饰制作的技术大部分是我在 EL Bulli 餐厅研修时学到的。不过，我会时刻保持着积极的态度，通过一些方法来获取新的表现方式，比如自己制作用于烹饪特殊点缀品的工具，又或者尝试购买最新的烹饪器具。也是因为我深深地感受到了客人“总是需求新的展现形式”的期待，我全心全意地想回应客人的期许，所以购买了各种道具，要不就是尝试制作，每天都一遍又一遍地试错。最近我买了一台激光切割机。当然它并不是食品加工用的设备，在餐厅里很难见到。实际上，它的使用频率也特别少（笑）。但是即便如此，我也认为，新技术越来越多的确是件好事情。菜肴呈现的范围变大一点点，其实就是让客人满意的契机慢慢多起来。

我全心全意地想回应客人对我的期许，总是用积极的态度去寻找新的表现方式。

使用的工具

桥本主厨对创作新盘饰的关注非同一般。据说他购买了各式各样的工具或机器去尝试，哪怕这些工具不是用于烹饪的。如果没有，他就自己制作。左边第一张图中，木棒和透明塑料膜是他为了固定 34 页根芹菜墨西哥卷饼的弧度，自己专门制作的工具。

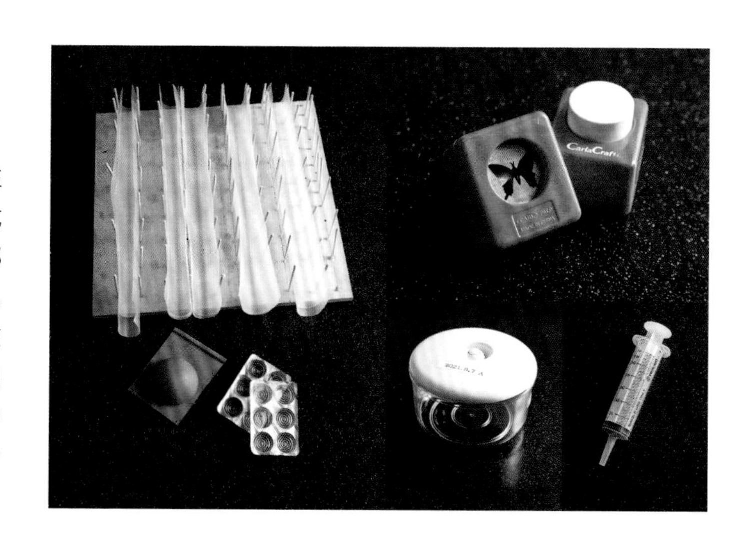

高桥雄二郎

1977 年出生于日本福冈县。大学毕业后，考入调理师专业学校，在东京的餐厅实习后，于 2004 年前往法国。从法国巴黎的“LEDOYEN”开始积累餐厅工作和法式甜品的制作经验。回国后，2009 年担任“Le jeu de l’assiette”（日本东京代官山，现更名“recte”）的主厨，2015 年独立创办餐厅。

负责的盘饰

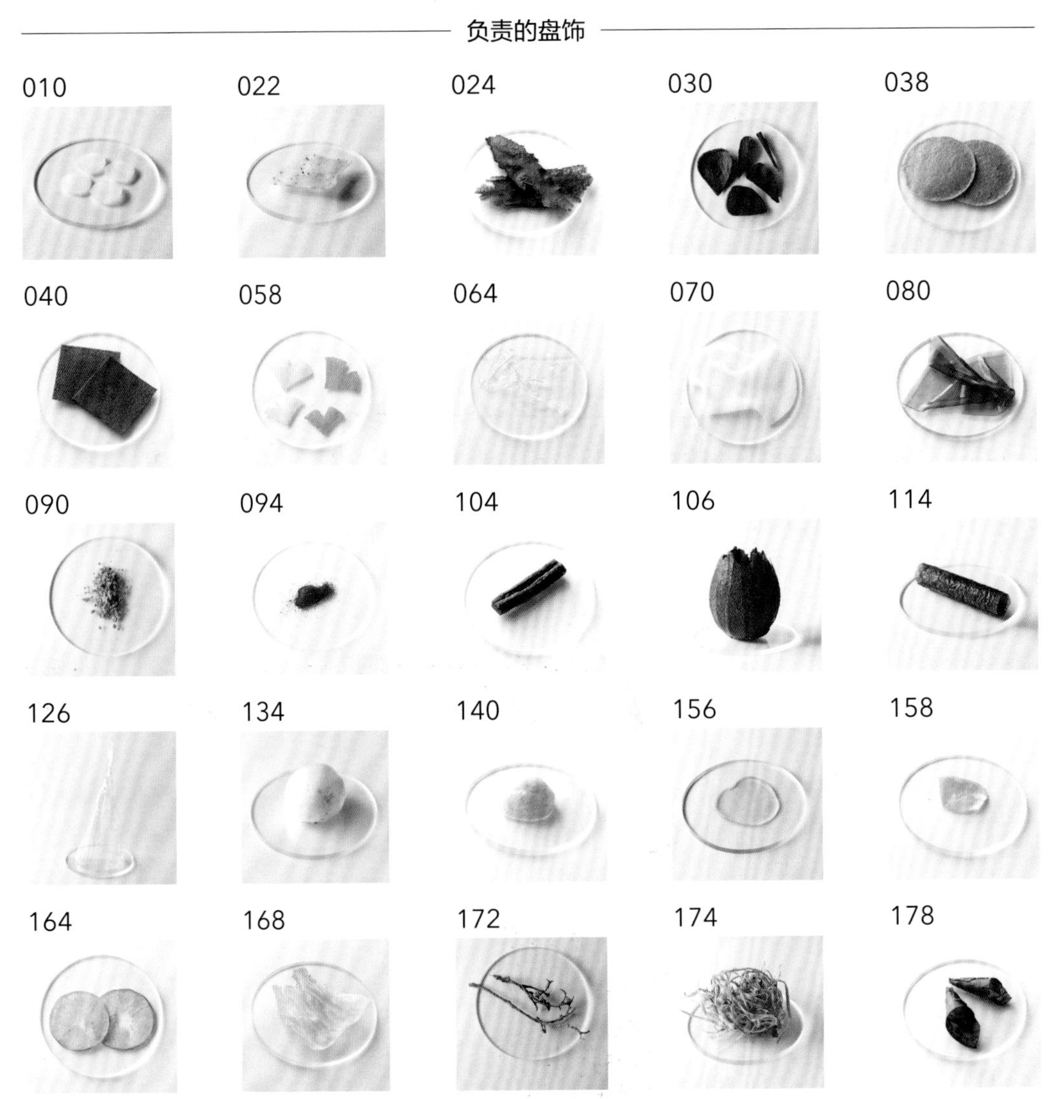

*盘饰图片上方的编号代表每种盘饰所在的页码

在料理的世界中，不能仅追求普通的美味，如果菜肴中没有一些附加价值，就算不上菜肴。我一直是这样想的。给这个附加价值换个说法，我觉得就是向食客展示出非常规的菜品。而且，我本人一直也在思考，这个附加价值，即非常规的表现方式，就是盘饰。哪怕是平日习以为常的食材，改变一下口感，抑或做成想象中的颜色或造型，就能带来特别的感受。我想，这就是盘饰在菜肴中所拥有的特性。例如，红薯通常都是蒸熟后食用，但是如果先切成片，再卷成圆锥造型后油炸，外观的视觉效果会大幅改变。同样，看似平淡无奇、清澈见底的水，如果是从洋姜中提取的浓缩汁，入口的一刻也会给人留下不一样的印象。就像这样，在料理学中重要的是，让别人品尝到从没品尝过的菜品，我们这些厨师为了实现这一点，才调动了自己所有的技术和知识。这种表现方式统称为盘饰，并可以逐一呈现。我自己储备着一个盘饰库，用菜肴展现的范围越来越广。到处都潜藏着扩充盘饰库的创意来源，我一直在用心寻找：在其他餐厅尝过的美食，或者在电视里看到的、吸引我注意的事物，还有来自书和绘画、艺术作品的灵感等等。我觉得，小小的细节中藏有盘饰的提示，我会用自己的方式去体会，并融入到料理中，附加值就体现出来了。

扩充盘饰库，也就是用菜肴呈现的范围越来越广。

使用的工具

对于制作盘饰使用的工具，他的信念是："物品要爱惜地使用""如果没有，自己做就好了"。现在，他会购买那些自己无法制作的工具，也会在牛奶盒上剪出各种镂空图案，做成模具。

田渊拓

1978 年出生于日本德岛县。在大阪学习了 5 年意大利菜后，前往意大利。从意大利北部再到意大利南部，6 年里一共在 6 家高级餐厅进修学习。在德国汉堡市和意大利人共同经营一家意大利餐厅。2016 年回到日本，同年参与 S’ACCAPAU 餐厅开业的筹划工作，并担任行政主厨。

负责的盘饰

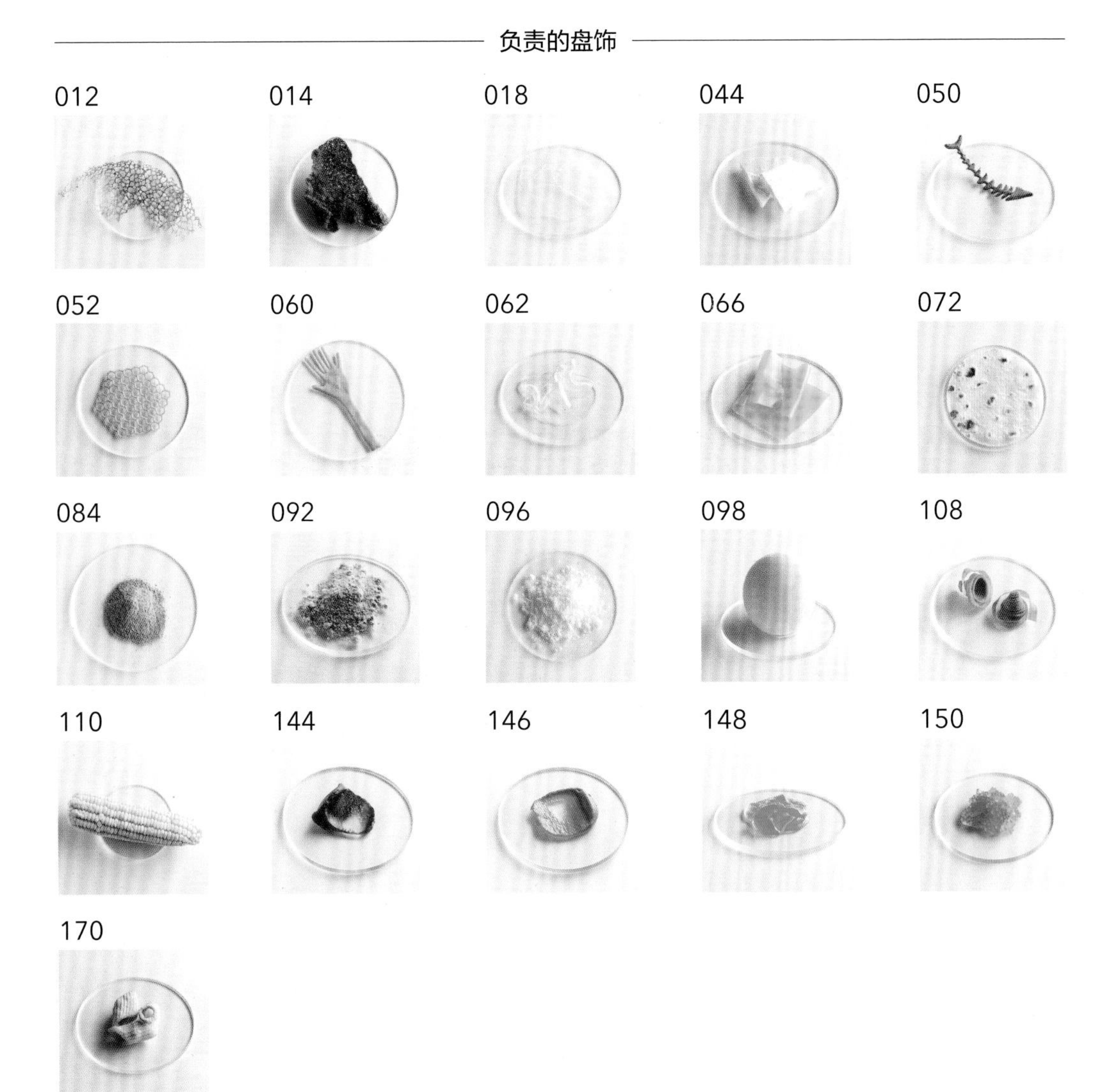

*盘饰图片上方的编号代表每种盘饰所在的页码

此次我介绍了各种具有视觉效果的点缀菜品。其中有鲜亮蓝色的菜泥和果子冻，还有酷似玉米的半冻蛋糕等等。有些盘饰看似效果更突出，当然，最本质的大前提是“品尝很美味”。如果不好吃，那就是华而不实。但是，在精心调味的基础下，用心实现视觉效果，未尝不是一件好事。我常常思考，外形是菜肴中的重中之重。因为视觉效果所承担的重要职责，是用外观向客人“表达”。用颜色或外形能够表达出，这究竟是一道海鲜，还是一道蔬菜。我认为，通过这些盘饰，能够更直接表现出菜肴，让人品尝出菜肴的本味。此次我介绍的盘饰做法中，有些用了色素和增稠剂。虽然我清楚有些人比较抵触这类添加剂，但色素和增稠剂都蕴藏着无限可能，能够改变菜肴的颜色或质地，还有形状。本书中所列举的色素或增稠剂大部分都是天然的食品添加剂，遵循用量规则就不会对身体有害，也不容易破坏味道，可放心使用。从外形上给予客人视觉冲击，实际品尝则十分美味。我觉得这种反差体验是用餐中的乐趣之一，能够如此演绎食物，也是这些添加剂的魅力所在。当然，如果一味使用添加剂，恐怕客人会敬而远之，料理也会索然寡味。如果可以接受的话，我建议添加剂不要作为菜肴中的主角，而是像此次一样只用在一部分盘饰中。无论如何，还是要从客人的角度出发，思考他们会喜欢哪种表现形式。

大前提是“品尝很美味”，外形的表现也同等重要。

使用的工具

在分子料理学中，加入必不可少的液氮、虹吸瓶、一些添加剂，硅胶模具或水气球，还有注射器，是制作独具创意的点缀菜品的造型的必备之物。

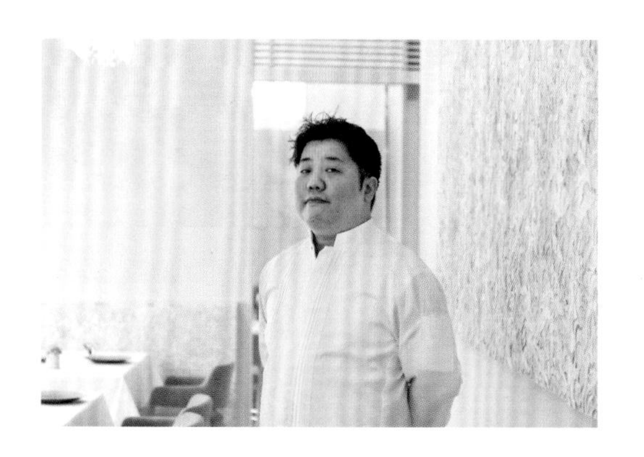

加藤顺一

1982年出生于日本静冈县。毕业于调理师学校，此后在东京的 Tateru Yoshino 积累经验。2007年赴法国，在 Astrance（巴黎）工作，于2012年前往丹麦，在 AOC Mashal（均在哥本哈根）深造。在 Sublime（东京·麻布十番）担任主厨，同时在2020年12月开业的 L'ARGENT 担任主厨。

负责的盘饰

008　020　028　036　046

054　056　068　074　076

086　088　096　102　112

116　120　130　132　152

154　162　166

*盘饰图片上方的编号代表每种盘饰所在的页码

此次介绍的 23 种盘饰全都是日常为客人做的。我按自己的方式收集信息、尝试制作、思考，经过无数次的试错才最终完成。我认为这个“试错”步骤极为重要。比如翻开本书的一页，起了这样的念头：“尝试制作和这个一样的盘饰。”最终的成品和你所想一致。一旦你沉浸在完成的喜悦中，停止思考，那么你也就是止步于“模仿”，没能深刻理解“发生了什么样的化学反应才能做出这个盘饰呢?”它的逻辑，假设后辈向你提问，你也无法回复或者指导。我会思考“为什么这个果冻会凝固呢?”查找资料，再尝试制作。这样试错和学习，自然会增加自己菜品库中的菜谱存货，这种技能可以容易地重现自己所追求的品质，成为最棒的武器。实际上，我也是这样增加自己会做的盘饰，也有过寻找只有自己才能完成的盘饰的经历。“想呈现出这样的口感”“想制作出小机关来封闭住香味”。一旦走进厨房，是不是每个厨师就会有这种想法？要珍惜自己的“目标”，根据要实现的目标来倒推，需要哪些配料和烹饪方式。我认为这些刚好藏着厨师成长的食粮。用这道菜肴想要表达出什么？想给客人留下哪些印象？最重要的是在明确这些目的后，思考方法，在试错中一点点去实现目标。此次介绍的每一个盘饰和烹饪技巧，也许能够为读者朋友们的试错提供小小的灵感。

制作任何盘饰都需要适合自己的试错方法。这终会成为你的武器。

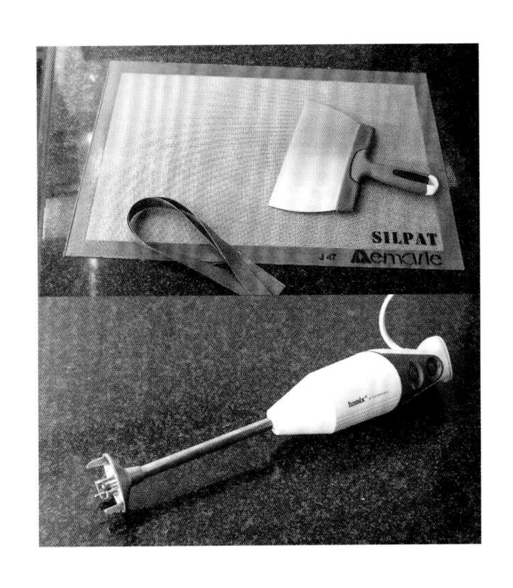

使用的工具

每个厨房都准备的工具，比如打蛋器、硅胶垫、刮板等，都是在制作盘饰时缺一不可的道具，比如让液体搅拌均匀无结块、面团均匀擀平等。如果熟练掌握增稠剂等添加剂的使用手法，它们也会是非常方便的工具。

索引（按颜色）

索引（按食材）